中国建筑设计年鉴

2018

（下册）

CHINESE ARCHITECTURE YEARBOOK 2018

程泰宁 / 主编

辽宁科学技术出版社

·沈阳·

CONTENT
目录

WORKING　办公

006　泰康健康管理研究中心二期工程

010　西安高新区环普科技产业园

014　深圳能源公司

020　天津滨海新区于家堡起步区新金融办公楼

024　北京市药品检验所科研楼

030　哈尔滨银行总部

034　上海建发大厦

040　西藏墨脱气象中心

046　首钢西十冬奥广场

050　高和云峰

056　Lens 北京总部办公室

060　胡同里的栖居——即作建筑工作室改造

064　粤澳合作中医药科技产业园总部大楼

068　砳建筑

072　SBF 塔

COMMERCE 商业

076   Icon·云端

080   太原南站交通枢纽商业综合体

084   上海外滩金融中心

088   河源金地创谷

092   世贸一期

096   回转艺廊

100   青岛国际博览中心

104   王府中环

108   义乌之心

112   重庆旭辉千江凌云

118   皖投万科·天下艺境

124   陇上书店

TRANSPORTATION & INDUSTRY　交通、工业

130　港珠澳大桥珠海口岸

136　呼和浩特汽车客运东枢纽站

140　南京高淳苏皖交通枢纽中心一期

144　岳阳机场航站楼

148　桃园国际机场捷运车站 A2 三重站、A3 新北产业园区站

152　骆驼湾桥改造

156　驿道廊桥改造

160　山东东阿阿胶产业园区

164　英飞特 LED 驱动器生产基地一期组团

170　苏州华能燃机热电厂

HEALTH & WELLNESS　医疗、健身

174　南京市南部新城医疗中心

180　中国人民解放军总医院门急诊综合楼一期工程

184　溧阳市人民医院规划及建筑设计工程

188　深潜赛艇俱乐部

192　齐云山营地

RECREATION　休闲服务

196　青普扬州瘦西湖文化行馆

200　南沙岭南花园酒店

204　Anadu 庄园酒店

208 青普丽江白沙文化行馆

212 北京金海湖国际度假区溪园酒店

216 中山吉宝湾码头俱乐部

222 苏州 NEST 栖地老宅

226 别苑

232 北京协作胡同胶囊酒店

236 大理古城既下山酒店

240 塔莎杜朵民宿

244 渝舍印象酒店

248 双溪书院

254 蒋山渔村更新实践

258 木兰围场

264 庭瑞小镇斗山驿文化会客厅

270 望江驿

274 尚村竹篷乡堂

280 阿那亚启行营地

286 叠院儿

290 吉姆餐厅·大理店

294 深海咖啡馆

298 紫玉漫江湾

INDEX 设计者（公司）索引

主持建筑师

迈克尔·麦克费尔（Michael McPhail）、
刘京、孙飞、筱原宽之（Hiroyuki Shinohara）

主要设计人员

迈克尔·麦克费尔（Michael McPhail）、
筱原宽之（Hiroyuki Shinohara）、
比尔·道奇（Bill Doerge）、
吕羽、高晓鹏、宋秉锜、
陈琦/Perkins+Will建筑事务所、
刘京、孙飞、刘郁、刘勇、王萌、
葛守彬/北京城建设计发展集团股份有限公司

占地面积

62800平方米

建筑面积

96156平方米

主要结构形式

钢筋混凝土框架结构

工程造价

人民币4.83亿元

景观设计

北京创翌善策景观设计有限公司
房木生景观设计有限公司

中国，北京

泰康健康管理研究中心二期工程

Taikang Life Health Research and Management Center Phase II

Perkins+Will建筑事务所（方案设计）、
北京城建设计发展集团股份有限公司（工程设计）／设计单位
沈忠海／摄影

泰康健康管理研究中心二期项目坐落于北京市昌平区回龙观生命科学园，总建筑面积96156平方米，集健康研究、教学培训、办公、大型会议、后勤保障于一体。它是以健康研究为主题的多功能集合的新型科研建筑，也是泰康健康研究基地建设的收官之作。

建筑设计从中国古代先哲们对宇宙万物的解读与认识当中汲取灵感，将"天圆地方"的世界观理念以有形的方式演绎出来。以"方"的形态塑造建筑主体，充分展现泰康集团专业、规范、创新的大型保险金融服务机构形象，并力求通过这种充满信赖感的稳健形象吸引并挽留优秀的行业人才。

以"圆"的形态形成首层环廊，将各主要功能联系到一起，生动展现从出生到成年，再到年老的生命周期循环。在这个生命周期当中，保险产品始终伴随人们的每个关键的生命里程碑，帮助人们规避风险，蓄积资源财产，从而展现寿险事业的终极使命和最大价值。方与圆的结合恰到好处地体现了企业文化、专业操守与人性关怀的有机融合。

二期项目在发展策略上积极呼应已有的一期建筑，从而确保泰康总部园区的完整性。

设计重视塑造多层次的、形态丰富的公共空间，将室内外环境融合贯通起来，为使用者创造别具特色的空间体验。建筑内部主要包含通高大堂、演出功能报告厅、大宴会厅、室内中庭、篮球馆、泳池、连廊等，对结构转换提出了特殊需求，增加了结构设计的难度与复杂性。

针对建筑功能的复杂性，以1400毫米为基础模数，进行模数化设计，提升设计的品质和效率。

对应不同功能，设计了多类型空调系统，并通过CFD数值模拟优化挑空区域气流组织设计。设计早期便将可持续设计原则纳入进来，如：自然采光、自然通风、太阳能热水系统、屋面光伏板、雨水收集、风能利用、中水处理系统、智能灌溉系统、生态沼泽等。以LEED® NC认证节能参数建议为依据确定设计方案，并根据能耗评估报告来指导各空调系统形式及设备的选型。

本项目全程使用BIM作为辅助设计，并将可持续型的高品质空间与环境作为设计目标。本项目已获得美国绿色建筑委员会LEED® NC 2009金级认证。

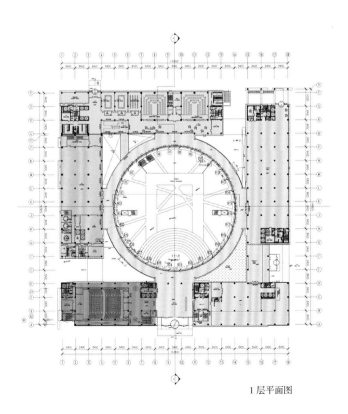

1层平面图

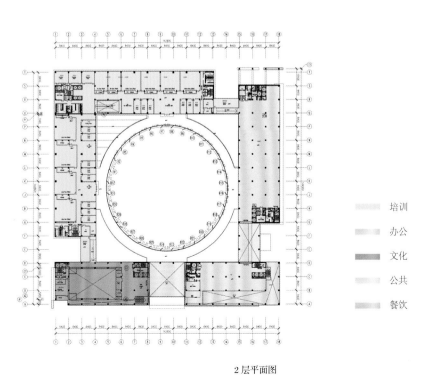

2层平面图

培训

办公

文化

公共

餐饮

主持建筑师
徐仪君、桥义
竣工时间
2017年
建筑面积
70000平方米

陕西，西安

西安高新区环普科技产业园

Xi'An GLP I-Park

木君建筑设计咨询（上海）有限公司 / 设计单位　赛斯动力摄影 / 摄影

　　木君建筑设计咨询（上海）有限公司近期完成了西安高新技术产业开发区内四座办公楼中的前两座。该项目是一个大型办公园区整体规划中的二期工程。中央景观公园是新设计的核心，更是充当了整个园区的绿色社区中心。

　　此前的整体规划将办公设施全部安排在同一区块内，设计师将该区域重新设计成四座办公楼，在建筑和公园之间添加了景观走廊，改善了整体采光，并增强了楼层的租赁优势。

外立面

　　四座办公楼以园区已有的轴线为中心，各成一对。

设计概要

　　要求建筑师以最经济的方式建造楼板和外立面。由于凹陷或凸起等设计都会增加成本，我们决定把外立面当作皮肤一样对待，通过精心的构图，以及对比例和细节的完善，来丰富它的外观。

　　外立面在垂直方向呈带状，其宽度从低到高逐渐增加，进而突出了建筑的纵向延伸。幕墙选材落地玻璃和苹果银铝色面板，其中玻璃的占比随着高度的上升而增加。

　　当地消防规范要求建筑具有开放式排烟通风口。为了让外墙玻璃表面的线条流畅，建筑师将通风口隐藏在百叶屏风后，由此避免了立面上常见的突兀且欠美观的窗口。

　　这样的设计，也使得室内的通风透气和建筑的外观表达互不影响。

灯光

　　夜幕降临，两座办公楼的灯光呈现出抽象的图案，与二进制码的设计安排呼应。铝板向外翻折，使得灯槽仅从特定角度可见。这就意味着，从四座办公楼前经过时，楼体外观会随着角度的推移而略显不同。

入口

　　建筑师将楼体底部的外立面抬升，以构架双层大堂入口。抬高的幕墙模块减少了公园方向的视觉阻挡，将办公楼和户外景观更好地衔接。

　　大堂内部配有定制家具，人们可以在这个灵活的空间内工作、交流、休息。室内空间与金属色系的外部相对比，低层采用板条式竹墙，高区则选用了褶皱平缓的铝板，与外立面承接。

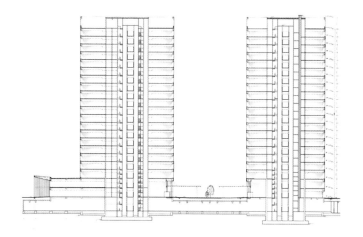

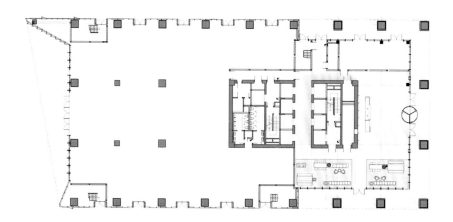

剖面图

1 层平面图

主持建筑师
比亚克·英格尔、安德烈亚斯·彼得森
竣工时间
2018年8月
建筑面积
96000平方米

广东，深圳

深圳能源公司
Shenzhen Energy Mansion

BIG设计事务所／设计单位、摄影

这幢为国企深圳能源公司开发的96000平方米办公楼设计主旨即让它和谐融入充满文化、政治和商业的深圳市中心，同时在城市主轴线上树立起一个新型社交和可持续的地标建筑。此项目由BIG与ARUP和Transsolar团队于2009年国际设计竞赛中合作胜出，并于2012年在"中国硅谷"之称的深圳市开始建设。"深圳能源大厦是我们第一座诠释我们'无机械的工程技术'想法的摩天大楼——借由建筑本身设计来满足内部使用性能要求，同时降低机电系统的依赖。深圳能源大厦如同是经典摩天大楼的微妙变异，它善用了建筑与自然元素之间的界面：阳光、湿度和风成为内部最大舒适度和质量的设计源泉。它反映着一种看似不同的自然演变，就因为它的表现非凡。"比亚克·英格尔（Bjarke Ingels），BIG创始合伙人。

深圳能源公司新总部的体量和建筑高度按中心区城市总体规划指标设计，该项目包括两座塔楼，北

楼高220米，南楼高110米，及两栋底下连接着34米高的裙楼。裙楼内部设有主大厅、会议中心、食堂和展览空间。与邻近的塔楼并排，新的总部大楼形成了连续弯曲的天际线，成为深圳的中心。通过以褶叠状的结构，发展出同时封闭和开放的立面，在透明和实墙两侧之间振荡。褶叠墙具高隔热功能，在阻挡阳光直射的同时提供广阔视野。因此，建筑体从远处看像是披上有机图案的经典体量，从近距离看则可发现优雅折线的结构。曲折的外立面方向与日照行进对应：在朝北开口最大化可获得充足自然光线和景观的同时，室内也可以减少日光的直射曝照。此可持续的外墙系统在无须任何移动构件或复杂的技术即有效降低了建筑物的整体能耗。

从街道望去，一整面褶叠墙缓缓拉开形成的入口，引导着人们从建筑北端进入南端的商业空间，而办公人员则从主广场进入洒满日光的大堂。一旦进入，建筑立面的线性转换成水平延伸：几何方体的

植栽箱尺寸是按涟漪般外墙分割尺寸排列组成。

深圳能源公司的员工办公室位于建筑的高楼层，享有最佳景观，其余楼层则是可出租的办公空间。在建筑体外凸的部分，外立面的实墙向两侧平滑展开露出幕墙——创造出各个楼层视野广阔的大面积空间，作为会议室、行政俱乐部和员工使用空间。

褶叠的外墙一方面透过透明玻璃提供视野，另一面则借由室内墙板反射扩散直射的日光。即使太阳光线直接从东方或西方照入，主要的日照也会因窗户的平面角度从玻璃上反射回来。

随着日落，立面的曲线和变化的透明度看起来像极了木头般的纹理、或一座垂直梯田的场景。在幕墙之间开启的狭缝内部可看到特殊展示空间，如会议室、行政办公室和休息交流区，赋予了建筑在城市中从不同角度展现的独特性格。

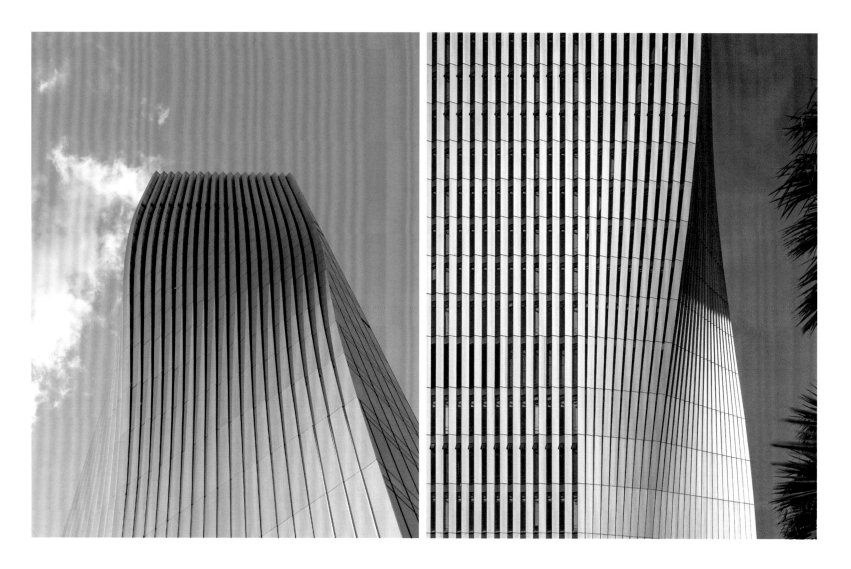

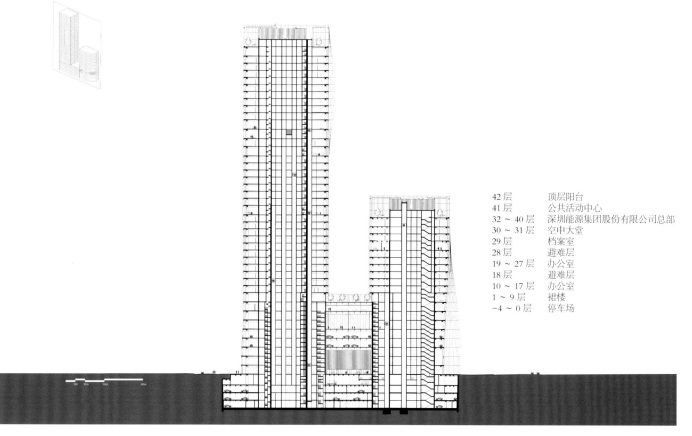

42 层　　　顶层阳台
41 层　　　公共活动中心
32 ~ 40 层　深圳能源集团股份有限公司总部
30 ~ 31 层　空中大堂
29 层　　　档案室
28 层　　　避难层
19 ~ 27 层　办公室
18 层　　　避难层
10 ~ 17 层　办公室
1 ~ 9 层　　裙楼
-4 ~ 0 层　　停车场

剖面图

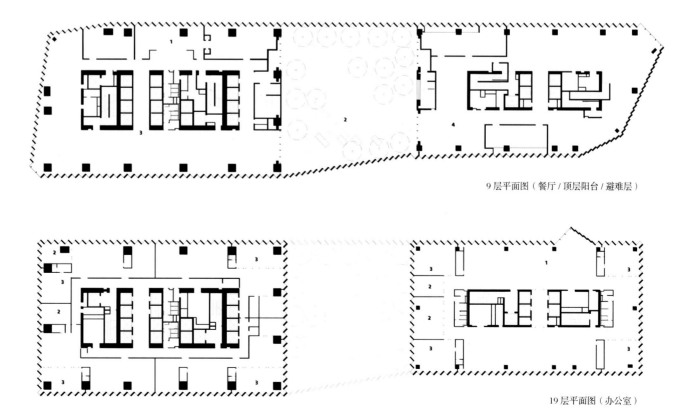

9 层平面图（餐厅 / 顶层阳台 / 避难层）

19 层平面图（办公室）

中国，天津

天津滨海新区于家堡
起步区新金融办公楼

New Finance Office Building in Yujiapu Financial District in the Binhai
New Area of Tianjin

中科院建筑设计研究院有限公司／设计单位　杨超英／摄影

该地块位于滨海新区于家堡金融起步区九地块最南面一排最西侧位置，用地面积11002.5平方米。在东、北两个方向分别和03-25及03-18相邻，基地东面是规划中的新华路，北面临友谊道，西面是郭庄子路，南面为于荣道。建筑主体由高121.45米的南侧主楼、高度为143.70米的北侧主楼及高34.85米的附楼组成，是一个高品质适应性强的高端金融办公写字楼。

本建筑地上31层（主塔楼：26层/31层、附楼5层，局部6层），地下三层；其中地下部分主要功能为停车库和供本建筑使用的设备用房，地上部分主楼为新金融办公区，附楼部分北侧1、2层为零售商业，3、4层为办公，5层为会议，局部6层为俱乐部；东侧1、2层为金融商业，3层为办公，4、5层为金融交

易大厅。建筑内部形成L形内院。主楼由两个38.45米×20.35米办公区和26.85米×10.50米中央共享大厅及办公区组成。

天津滨海新区金融街首期启动项目以"集群设计"的面貌出现，旨在聚合各种能量，实现协同式的建筑实践。九个建筑师和工程师都基于统一"编导"及SOM设计导则下的演作，设计兴致伴随着自律和平衡。幸运的是我们的地块靠近海河，这便有一种可能使存在于自然与CBD之间的媒介体形成，并进而探索河边的城市建筑的敏感性，包括从场所周围吸收营养以滋养自身成长，同时将这种能量又回馈于环境。其一，体现在轻柔的触动海河以形成空透的界面；其二，中间喜悦而动人的城市空间把阳光、景观引入并贡献给城市。

主持建筑师

崔彤

开业时间

2017年

占地面积

11002.5平方米

建筑面积

90390平方米

主要结构形式

框架剪力墙结构

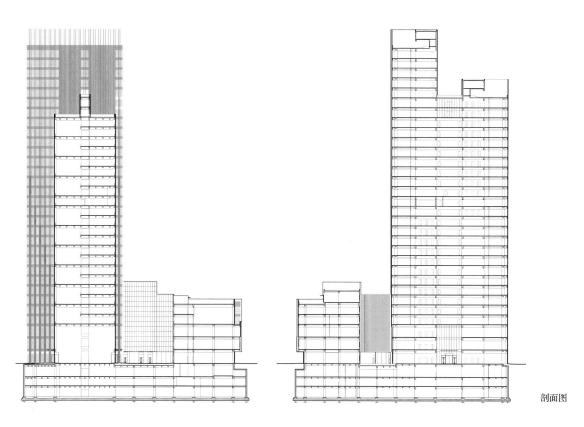

剖面图

标准层平面图

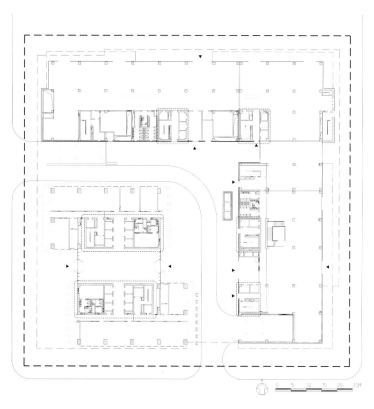

1层平面图

主持建筑师

李亦农、孙耀磊

主要设计人员

刘晓晨、马梁、李慧（建筑）

张俏、何鑫、马文丽（结构）

吴宇红、梁江、吴学蕾、曾若浪、

战国嘉（设备）

程春辉、董燕妮、董晓光、王旭（电气）

冯颖玫、顾晶（室内）

竣工时间

2017年1月

占地面积

34084平方米

建筑面积

33260平方米

（地上28460平方米，地下4800平方米）

主要结构形式

框架–剪力墙

工程造价

人民币2.673亿元

中国，北京

北京市药品检验所科研楼

Beijing Municipal Institute for Drug Control

北京市建筑设计研究院有限公司 / 设计单位　张广源、夏至 / 摄影

地理位置及周围环境

项目位于昌平区中关村生命科学院10-2地块，西、南向邻接园区道路，北侧为规划代征路，东侧邻接10-2B地块，地上无永久性建筑。

主要功能

建筑主体由实验楼、实验管理楼及安全评价中心组成。实验主楼标准层为偏置中走廊双向双走廊结合方式，南侧布置数据处理及小型辅助实验室用房，北侧及中部布置主要实验用房及辅助实验室，垂直交通布置在南侧、北侧两端，设备机房和辅助实验用房也布置在北侧。平面布局简洁规整，流线顺畅，适合实验人员的研究和工作。

设计理念

建筑突出有机生长设计理念，使建筑与环境有机融合，两者结合的相得益彰更突出了其完整统一的空间形态，进而形成药检所项目的整体形象。这一理念的贯彻使得设计在与周边环境和谐相融的同时具备自身改扩建的灵活性。我们以设计现代化药检测实验室为目标，突出平面设计的模块化，将复杂的实验流程以实验单元的形式组织在建筑之内，在流线简明顺畅、功能合理完备的基础上更进一步体现实验建筑高效、快捷、安全与秩序的性格特征。

设计特色

突出建筑与自然的对话，对园区美好环境的继承与尊重。出于景观的考虑在进行总体功能布局时，办公区、接待区及实验区布置在用地的西、南侧，动物实验及后勤区布置在用地的北、东侧。不仅顺应了外来业务办理和工作人员流线，而且将主要的公共、科研部分能够获得良好的景观条件。

实验室工作空间模数及标准化。设计从必备的实验设备、设备系统以及科研人员的活动规律等各方面出发，推导出适合本实验楼的标准实验室单元，即将每个实验模块的面宽模数尺寸定为6.6米。将进深定为三跨，形成双向模块的设计理念，能更好的适应以后试验流程更换的需要。主体实验功能模块明确的分区与流线。实验分区的确立：根据药检类试验的流程及实验内容所需空间大小，将基本的试验单元按照需要进行组合，形成基本的实验分区；植入办公单元：设计将办公室与实验室用走廊分开布置，减少其相互干扰的机会但又联系方便；交通枢纽的安排：在每个实验分区的端部安排交通枢纽。两个实验分区共用一个交通枢纽，可在今后实现灵活的加建；流线组织：药检所内部流线布置必须避免交叉。在将各功能组成部分进行清晰适度的分区基础上，对各种流线以分散式和线性式结合。创造愉悦的工作环境。实验楼的形体在保持基本实验模块的前提下，体形略作扭转，使得建筑在格网控制下不显得呆板，将建筑所表现出的诗意化纯粹到底，这样使得建筑不仅与优美的园区环境相呼应，也迎合了业主所追求的浪漫氛围。

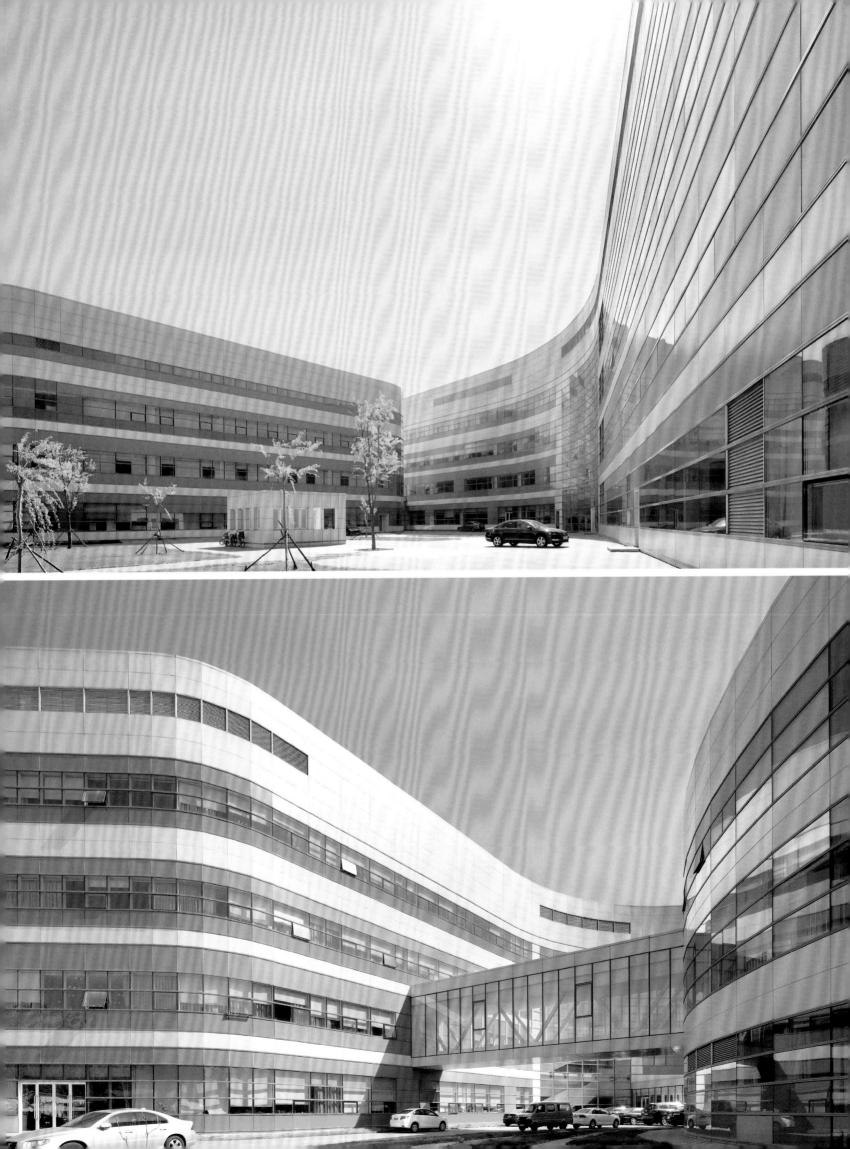

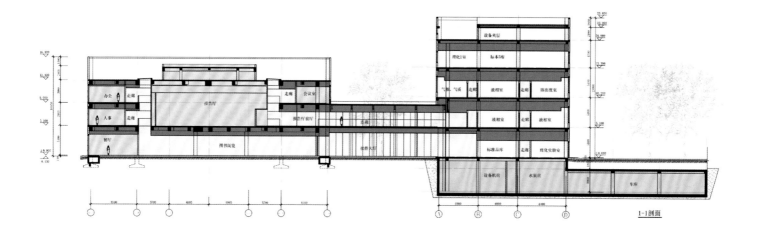

剖面图

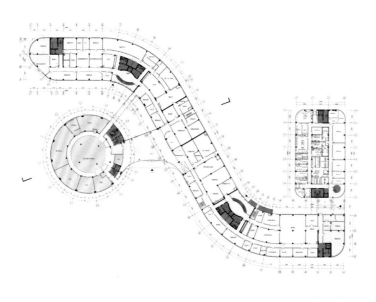

1 层平面图

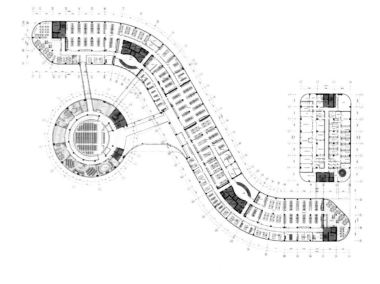

2 层平面图

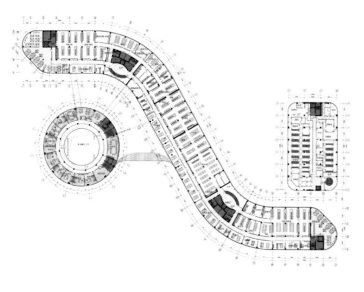

3 层平面图

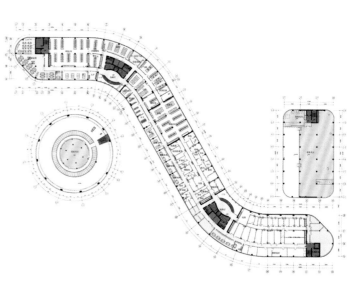

4 层平面图

黑龙江，哈尔滨

哈尔滨银行总部
Harbin Bank Headquarters

KPF建筑师事务所／设计单位　HG Esch／摄影

　　作为中国东北历史悠久的商业中心中的一座微型城市，KPF建筑师事务所设计的哈尔滨银行总部将多个不同的实体连接成一个有机体。

　　银行位于上江路和群力第四大道交汇处，是城市的标志性门户，标记着机场和历史悠久的市中心之间的路线。该综合体包括银行办公室、宾馆、健身俱乐部、银行大厅、会议设施和货币博物馆。一层的中庭增强了场地通透性，并将项目元素联系在一起。餐厅、零售店和咖啡厅分布在中庭周围，加强了其作为组织的社交中心的作用。这座建筑可以一览无余地欣赏松花江的景色。

　　体量的平衡组合是通过改变单个建筑结构的高度来实现的。156米高的办公大楼是建筑群的最高点，银行大厅的最低点为24米。

　　设计利用了该地区现有的文化和审美敏感度，实现了有机形式和材料坚固性之间的协同作用。建筑表皮设计成了由石材、玻璃和木材等材料构成的层状屏风。不断变化的光照条件赋予外部表面以活力，带来深度，并突出项目的材料丰富性。

竣工时间

2017年

建筑面积

80000平方米

荣誉

MIPIM亚洲最佳办公及业务拓展奖
铜奖(2016)

蓝图奖最佳非公营项目(商业)
入围奖(2017)

A+ Awards国际建筑奖办公高层
特等奖(2016)

主持建筑师
廖晓华
竣工时间
2018年
建筑面积
52341平方米

中国，上海

上海建发大厦
Shanghai C&D Building

gad建筑设计 / 设计单位　黄金荣 / 摄影

　　上海北外滩秦皇岛路渡口的清晨，来往人群已开始日常有序的忙碌，曾经的这里是上海贸易运输的港口码头，如今周边仍留有旧时痕迹，船厂旧址、仓储建筑、码头渡口依然可见。

　　本案建发大厦位于秦皇岛路渡口以北，对岸即是陆家嘴核心商务区。城市的锐意与稳重、突破与平衡于一江之隔，对望并存。

对元素的抽象提取（建筑意向）

　　上海的码头文化由来已久，现存的秦皇岛路渡口似昔日港口码头的标记，如今它仍扮演着连接江两岸交通的角色。

　　从上海建发大厦区位中的码头文化出发，我们

提取集装箱元素作为建筑意向，为尊重和回应场地的旧有痕迹，也隐喻攀升的积极态势。

　　建筑体块堆叠的形态，及最长9米的悬挑，凸显建筑别样的工业气质。不规则错动的方式，加深建筑的体块感，造就内部空间视线的错落。

　　办公区域设置三块中庭空间，通高五层，形成办公空间到户外空间的自然过渡，向南可观外滩高楼林立的独特天际线，向北即见杨浦区新旧共存的城市风貌。

对场地的清晰回应（空间与流线）

　　建发大厦位于地铁杨树浦路站，区域内地铁、公交等现代交通方式的加入，串联起两岸、内外的

交通脉络。针对项目本身位于地铁上盖及现存公交枢纽的诸多复杂现状，我们运用逻辑的功能划分和流线组织进行一一解答。

　　3层裙房横跨地铁通道，限制条件给施工过程增加了难度。为保证施工的安全有序进行，以退让十米的方式，尽可能地为施工拓出充足空间。公交流线的规划，有效缓冲车流与人行的交叉带来的压力，加盖玻璃顶层的设计将建筑主体与公交枢纽归为整体。统筹交通流线之后，形成贯穿建筑的两条动线，将建筑体块切分为三部分。地铁、公交与码头在此紧密衔接，让建发大厦成为本区域重要的交通枢纽，同时，我们尽可能地考量人行尺度的宽舒，实现建筑功能的独立、空间的丰盈与业态的丰富性。

对环境的积极融入 （立面与材质）

为保证中庭空间的通透性及建筑外观的简洁感，建筑北面采用单索玻璃幕墙的处理手法，用拉索对玻璃整体进行加固。立面组织中建筑的线性元素，在凝固的形态中多了一层动态表达。横向线条消解体量的压迫感，竖向线条强调建筑的挺拔，交替线条的外观使建发大厦更具辨识度。

低反射率玻璃材质的选取，降低光线反射造成的城市光污染，以谦逊的姿态融入周边环境。

空间/时间

站在城市发展更新的当口，gad建筑师希望以一种从容理性的态度，并不急于奔赴远方，审慎地处理建筑与环境的关系，达到空间、时间的相依相存，似照见过往，观想未来。

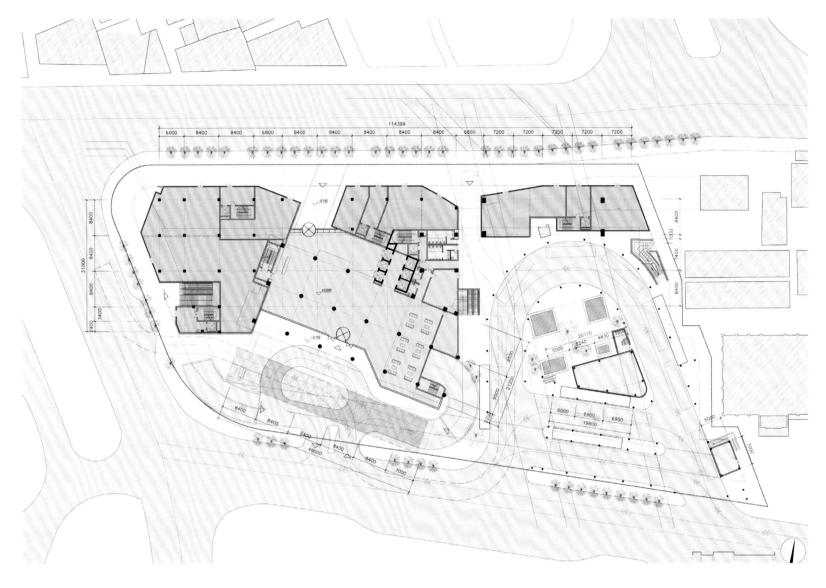

1 层平面图

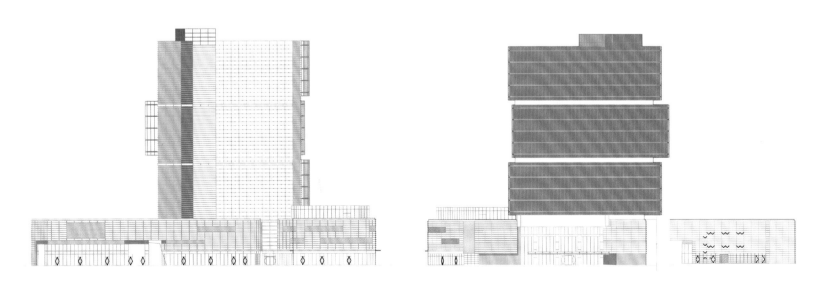

北立面图

南立面图

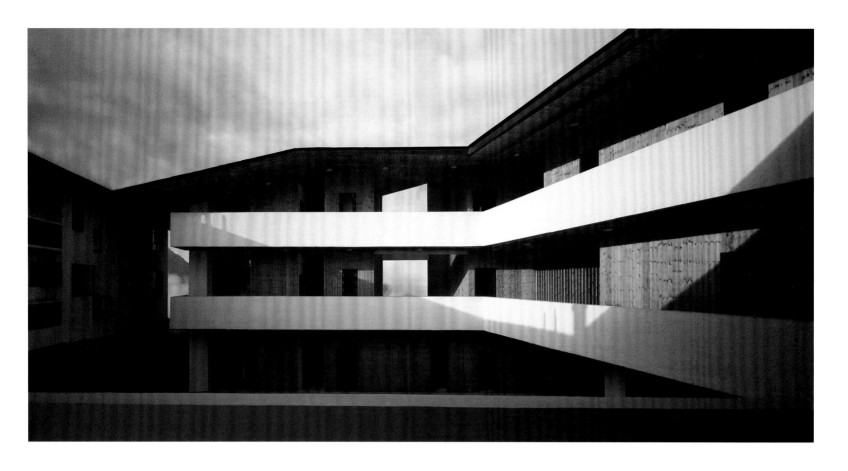

西藏自治区，林芝

西藏墨脱气象中心
Tibet Medog Meteorological Center

EID建筑事务所 / 设计单位　　CreatAR Image清筑影像 / 摄影

　　墨脱气象中心位于中国西藏林芝境内雅鲁藏布江的大拐弯处，基地周边群山环绕，景色壮丽，半山的峡谷之中，可远眺南迦巴瓦峰，周边景观植被茂盛，蕴含原生态的朴素之美。墨脱具有独特的气候地貌特征，属亚热带雨林气候，降水量充沛，全年潮湿多雨。这里平均海拔只有1200米，最低处甚至仅115米。作为中国境内最后一个通达公路的县城，其道路状况十分恶劣，单程调研考察需要花费大概一周的时间。遥远的地理位置为设计与建造带来极大的挑战。墨脱气象中心的建造属援藏类项目，设计初衷是通过远程介入的方式（意指在基地到访次数有限以及外籍主持建筑师无法到达墨脱的特殊条件下），为当地的气象局提供一个复合事业机构办公空间及员工宿舍的公共服务类建筑，充分利用在地的建造方式、材料与工艺，实现当代建筑的地域性表达。由于周边建筑对项目基地形成独特的围合之势，该设计总体布局采用了围合的格局，充分回应所处位置的景观与环境关系。院落的回廊顺

应地域性气候，最大化景观视线的同时，结合当地居民对工作与生活的使用需求，形成一个相对内聚的院落空间。屋顶通过有序的曲折变化使建筑形态与对面的峡谷山体走势相呼应，同时充分考虑到在降雨量较大的时期迅速进行建筑排水。底层局部采用架空的设计手法，承袭当地杆栏式建筑特色，高低错落的隙间有效促进自然通风，同时丰富立面形态。建筑师在实际的建造实践过程中发现，受限于当地建筑材料选择与施工建造技术的严重匮乏，大型建筑机械进出困难，无疑为实际的建筑营造带来严峻的阻碍，建造难度远远超出预期。远程的网络通讯与实时沟通软件成为建筑设计建造的主要方式。这次远程介入的探索，从选择当地松木、黏土砖和石材开始，以最简单经济的方式进行现场施工，呈现质朴原初的砖混建筑结构建筑。设计细节充分尊重当地民族文化特色，将门巴族、珞巴族传统文化元素与现代建筑语汇相融合，利用素朴的建筑语言表达毫无矫饰的建筑内涵。

主持建筑师

姜平

主要设计人员

陆生云、方冠婷、龚昀、钟晓晖

竣工时间

2018年

建筑面积

1854平方米

荣誉

2018年亚太房产大奖中国区

最佳公共服务建筑

2017意大利The Plan Award未来办公

商务类建筑最终提名奖

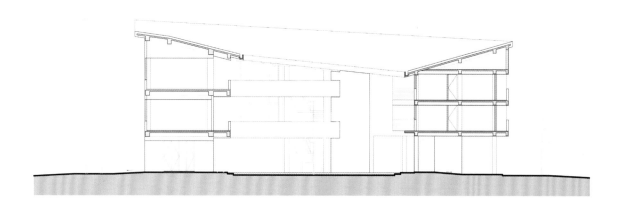

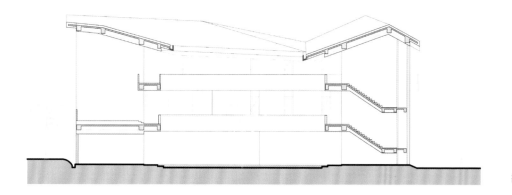

剖面图

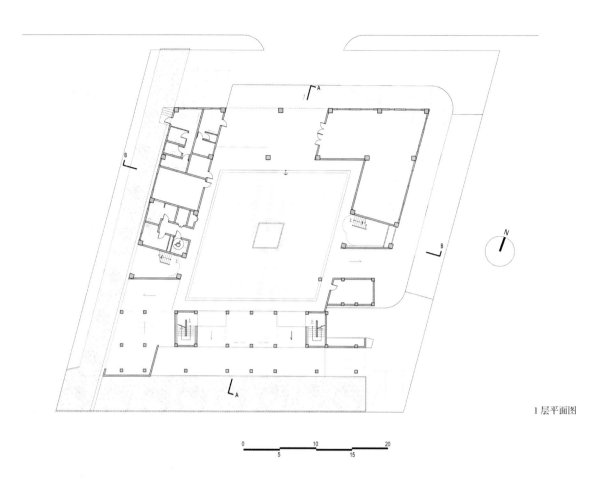

1 层平面图

中国，北京

首钢西十冬奥广场

Beijing Shougang Winter Olympic Plaza

筑境设计、首钢国际工程公司 / 设计单位　陈鹤 / 摄影

变工艺流程导向决定的工业布局为人性化生活导向下的城市布局

五边形院落空间：设计通过众多近人尺度的插建和加建细腻地缝合了原有基地内散落的工业构筑物，营造出了景色宜人、充满活力院落，以"院"的形式语言回归了东方最本真的关于"聚"生活态度。

变工业巨尺度关系为巨+中+小尺度聚合的人性化尺度关系

2022首钢西十冬奥广场位于首钢旧厂址西北角，总建筑规模87000平方米，主要为办公、会议、展示及配套。谨慎保留原有建筑结构，造型忠实呈现出了"保留"和"加建"的不同状态，表达了对既有工业建筑的尊重。穿行于建筑之间和屋面的室外楼梯及步廊系统为整个建筑群在保持工业遗存原真性的同时，叠加了园林化特质。整组建筑就是一个立体的工业园林，步移景异间，传递出一种中国特有的空间动态阅读方式。

主持建筑师

薄宏涛

主要设计人员

蒋珂、朱江、张洋、王增、范丹丹、辛灵、俞鹏伟 、张泳强

竣工时间

2017年8月

建筑面积

87000平方米

主要结构形式

框架结构、钢结构

荣誉

2017佛罗伦萨设计周优秀设计奖

总平面图

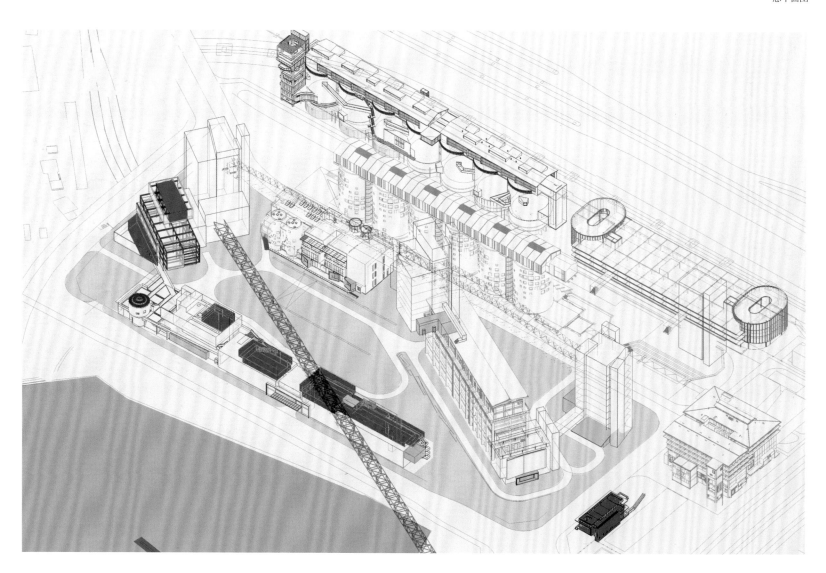

尺度植入

主持建筑师
俞挺
主要设计人员
张朔炯（项目建筑师）、
一栋|ArchUnits（设计咨询）、
张晨露（照明咨询）
竣工时间
2017年
建筑面积
10372.5平方米

中国，上海

高和云峰
Cloud Night

Wutopia Lab设计事务所 / 设计单位　CreatAR 摄影 / 摄影

俞挺在工业区里用金属铝板创作了一个立体的青绿山水。这是上海"工业锈带"的一次微型除锈手术。

现实

高和云峰大楼位于上海市杨浦区的西南部，这里自开埠时期就布满了各行各业的码头和工厂，有过兴起的辉煌，也经历衰落的阵痛，一度被称为上海的"工业锈带"。高和云峰项目是工业区向新经济转变的城市更新的一个案例。

高和云峰的诉求

高和云峰希望重新定义传统办公楼宇，将其打造成一个升级的生态系统，或者说是含有生活和社交的新生办公社区。所以高和云峰整合了不同类型的资源。一层大堂由专注生活方式集合和社群服务的新锐品牌DNA Café&More运营。该品牌就此精准聚焦楼宇场景全新推出"乐盒Lobby Hobby"共享

大堂概念并整体运营，试图解决基于楼宇办公场景中所需的吃/喝/用/休息/社交/补充型行政福利等需求，把司空见惯的楼宇大堂变成一个复合的办公社区中心。二层则整合了共享书吧、共享会议室还有共享健身舱来强化一楼的场景应用。高和云峰在办公区域则推出了HIWORK，一种通过悬挂活动家具来应对不用办公需求的可以灵活变化办公场景的新型联合办公模式。高和云峰希望wutopia lab设计事务所的俞挺用一个戏剧性的设计把这些诉求完整连续地表达出来。但他们明知俞挺厌烦大堂的那种陈词滥调的设计，仍要求不拆除这些装修，因为拆除也是成本。

上海地主的野望

杨浦区一如既往的粗犷沉重甚至有些呆板。即便在从工业经济向服务经济转变的过程中，杨浦区还重复了一种新的陈词滥调：相似面貌的办公空间，不精致的伪艺术装饰风的建筑立面，喜闻乐见

的黄色石材。把这些作为上句，俞挺设计的下句就自然而然地产生，用轻盈自由灵动的艺术装置行为在因为成本不得不保留的陈词滥调前创造一个具有想象力的新世界。

"其实，我对大堂的想法很简单。你们看到的所有曲线，都是来源于我小时候画山水画时的灵感。我们的生活环境太过陈词滥调，我就是想要跟陈词滥调做斗争。"

俞挺用他喜爱的穿孔铝板作为笔墨，用写意山水的方式把立面、景观、大堂、办公和屋顶串联起来形成一幅立体的完整连续的青绿山水长卷。没错，俞挺承认现状的存在，但不去破坏它，而是用一个巨大的创作以行云流水的山水画出没于原来大楼里外，最后在屋顶创造一个闪闪发光的屋顶花园——白云乡而达到高潮。它宛若天外来客，飘浮于灰蒙蒙的杨浦区的上空，不太真实但真实地存在。

俞挺的这个山水装置是附在外立面、广场、花园、雨棚和室内已经完成的装饰面外面的。它以最小、最少的构建和原来的表皮接触并呈现出不接触的姿态。你可以把这层金属铝板看成一层面纱般的艺术装置和原来的建筑若即若离或者遮挡或者被遮挡。和呆板不变的原建筑的关系随着空间的转换而改变，让这幅山水画仿佛要动起来。

不接触的策略是一种设计态度和哲学态度。所谓哲学态度是因为无法正面硬抗周围的干涉而表现出来的一种抽离的姿态。这种姿态帮助建筑师在设计中以最少改动的经济目的为前提下，用类艺术装置重塑空间达到出人意料的结果而最终把高和云峰的诉求以及上海地主的野心以戏剧性的设计置入达到叙事的合理和完整的表达。

保留了三分之一的野心还是一种宣言

然而现实把这个明显的叙述剪成了片段。有限的预算、谨慎的城市规划、周边社区居民的干涉，这个不接触的艺术装置策略仍然被看成是大刀阔斧的整体更新设计。于是，立面、沿街和景观的设计全部被叫停了。整个设计只剩下了大堂和二层的室内和屋顶花园了。一幅完整的青绿山水被裁剪成了两幅尺页。

但高和云峰和俞挺团队顽强地保留了一个设计的引子。你现在可以看到一则短小的山形铝板整合了门房和绿化，在入口形成了一个抽象的盆景，它原本是整个景观和立面连绵不断的山水图卷里的一小部分，而现在则是仅存的片段对这个街区做了微更新。延续到建筑物雨棚则是几层叠加的铝板，仿佛你头上的层层叠叠的云朵，这暗示你将看见壮观自由的大堂——原本连续图卷中的中心高潮。

这个看似突兀凭空出现的大堂以及最后藏在屋顶的那个亮晶晶的大堂是仅有的三分之一的野心，但依然可以作为建筑师的宣言。

"我这个控江中学的校友，终于在上海粗犷的工业区里用设计激起了空气中那变化不止的骚动，这金属面纱它从天堂挂到地面上，上面有树、城市、河流和远山。"

这个宣言的意义是美好不是凭空而来，她总是破茧而生的。所有过去，皆为序曲。

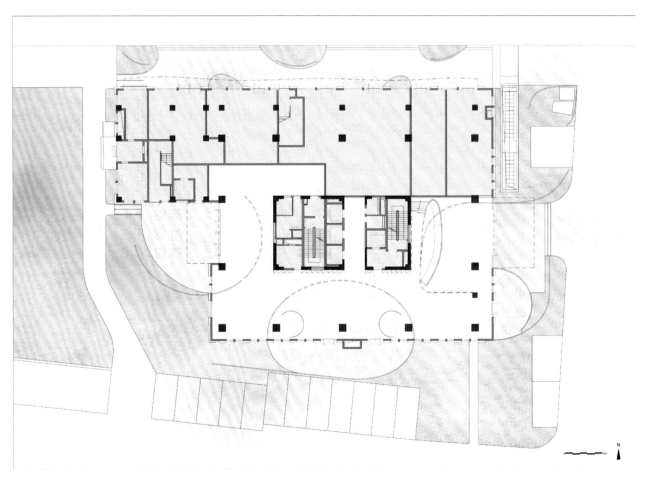

1层平面图

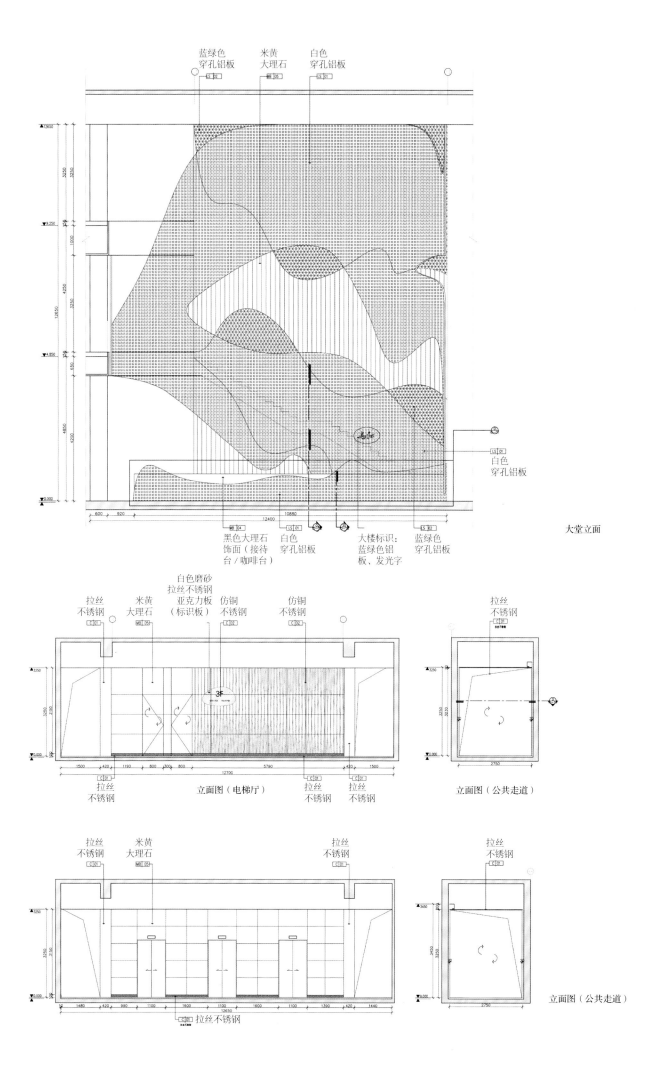

蓝绿色　　米黄　　白色
穿孔铝板　大理石　穿孔铝板

白色
穿孔铝板

黑色大理石　白色　　大楼标识：蓝绿色
饰面（接待　穿孔铝板　蓝绿色铝　穿孔铝板
台/咖啡台）　　　　　板、发光字

大堂立面

白色磨砂
拉丝不锈钢　米黄　拉丝不锈钢　仿铜　　　　仿铜
　　　　　　大理石　亚克力板　不锈钢　　　不锈钢
　　　　　　　　　　（标识板）

拉丝
不锈钢

拉丝　　　　　　　拉丝　拉丝
不锈钢　　　　　　不锈钢　不锈钢

立面图（电梯厅）

立面图（公共走道）

拉丝　　米黄　　　　　　拉丝
不锈钢　大理石　　　　　不锈钢

拉丝
不锈钢

拉丝不锈钢

立面图（公共走道）

主持建筑师
华黎
主要设计人员
杜云桥、赖尔逊、赵泰豪、
马志刚（结构工程师）、
吕建军（机电工程师）
竣工时间
2017年
建筑面积
1113.3平方米
主要结构形式
钢结构

中国，北京

Lens北京总部办公室
Lens Office, Beijing

迹·建筑事务所（TAO）/设计单位　陈颢/摄影

　　项目的任务是把北京一座1958年的老厂房改造为Lens的总部办公以及对外文化交流空间。60年历史的建筑称不上古老，但有其性格。三角形木屋架具有充分利用材料力学性能的建构特征（抗压杆为木，受拉构件为钢索），体现了工业建筑的朴素美学，以及20世纪50年代的时代感。

　　改造项目是处理时间。新旧的并置呈现出时间的张力，具体体现在空间尺度与材料两个层面。在空间上，原有的大空间被切割，营造出不同尺度的空间。作为原本大尺度空间里重要元素的屋顶，其被感知的方式由全景式转为片段化，由此产生了屋顶和人的距离感。在材料上，新建部分使用钢板。钢板的精确性服务于几何形体的抽象性，而其锈迹的斑驳感在物质性层面又与老建筑形成对话。

　　空间组织主要处理公共（对外）和私密（对内）两部分的关系。中轴线上的图书馆是公共区域向私密区域的延伸。它成为一种邀请，希望借此实现内外的互动。空间划分形成了各个独立空间，每个空间因尺度、比例与光线的差异呈现出不同的特征。中心图书馆高耸向上，联接天与地，呈现垂直性和上升感，塑造了具有精神性的书的殿堂。

　　两侧的办公区以不同的空间尺度和氛围来回应各自的环境特性。南向空间开放、阳光充足，创造了鼓励交流和轻松的办公氛围。北向空间分两层：底层为会议区，上层为办公区。其尺度与光线形成亲近、私密与被包裹的空间感受。墙上的窗洞因其深度形成龛室，成为个人或两三人可以独处的私密空间。

　　展厅为方形，各方向同质。其双重特质由旋转门的开合实现。当旋转门打开时，展厅具有流动性，空间呈现出水平性。而当旋转门闭合时，空间呈现出垂直性，屋顶再次被拉入人们视线，新旧的关系在纵向空间中被感知。此时，封闭的展厅也拥有了讲堂、会场功能。立面洞口的改造基于内部每个局部空间的场所特质需要。南向空间上原有的高窗被封死，自然光从下方新开的窗口进入。光线只集中于人的活动范围，而使屋顶幽暗、深远。窗的设计实现视觉与功能使用相分离的状态。洞口成为纯粹的景框，以强化空间的原始感。尺度、比例、光线、材料共同作用，完成了这一历史工业空间向当代文化场所的转化。

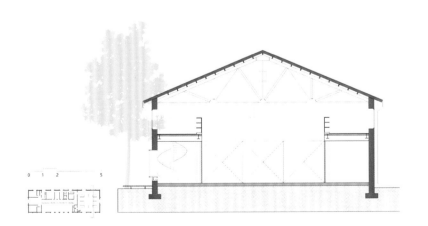 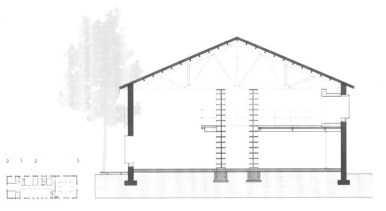

剖面图

主要设计人员
刘晨、王艺祺、叶品晨
竣工时间
2017年9月
建筑面积
115平方米

中国，北京

胡同里的栖居——
即作建筑工作室改造

Dwelling in Hutong: the Birth of MINOR Lab and the Rebirth of a Courtyard

即作建筑 MINOR lab / 设计单位　陈颢、王艺祺 / 摄影

北京二环内的老城胡同区是一片独特的城市区块，平坦且密集，被20多米宽的高架环路以及尺度瞬间扩大的二环外现代化高楼与街区所围绕。工作室的基地位于东城区北边，近热闹的北锣鼓巷，周遭大多为住家，四合院、杂院与四至六层老楼房为邻，零星小商铺散布其中。北京的街道为方正布局，不过一旦进入胡同，街道宽度缩小至3~5米甚至更窄，曲折有机，是由人的身体和活动所衍生出来的城市尺度与纹理。

早晨前往工作室的路上，从大马路拐进胡同后，迎面而来的是街坊们提着菜篮来往于菜贩间，因为道路瞬间变窄而缓慢下来的车流，还有阵阵生活的气味——厨房的火气、早点摊的香气、公厕味，还有因时节变换的潮气，声音也是丰盛的——街坊邻居的聊天、骑车叫卖的小贩、车子过不去了的争吵、各种方言、起风的树叶和虫鸣鸟叫。

合院基地长13.5米、宽9.5米，推开木头门是由青砖墙围合的方正空间，两棵高大的银杏树立于其中，屋顶与银杏树下是一片独立的世界，宁静却仍在胡同的节奏里。我们在2017年的夏天遇见这个合院，当时房东正在重建木结构、青砖墙、灰瓦屋顶，在一连串的沟通后我们决定租下这里，接手设计与改造，在这里扎根建立我们"工作的世界"。

透过建筑，产生对话

过去的北京作为皇城，是在帝制体系中所建立的城市，从中轴线、紫禁城乃至城墙，都是绝对性的存在，胡同则是在这个权力与机能架构中，逐渐形成的市井场所。胡同的两侧四合院比邻，在墙体后的每个合院都是不同家庭生活的空间，不同的生活体系依墙并置在一起，它们都运作在这个独特的城市尺度和纹理之中，平衡地共生共存。

近现代进程中，城市秩序的消解与重塑，让北京城里的胡同与四合院产生极大的变化，人口结构、密度与社会体系的剧变让四合院变得难以定义。胡同的轮廓被留下了，但两侧墙体的风景却在不断地拆与建之中显得断裂。

不变的是，不管墙内墙外，人们依旧在此，在岁月更迭中维持着生活。而我们在这里，想借由建筑工作的场所，植入生活以"打开"院子，弱化边界，创造胡同里对话的空间。

屋顶之下，流动的生活

胡同两侧的墙阻隔了胡同与室内的视线，是公共与私人场所的边界，墙内是内向的围合空间，但院子像是无边际的容器，让天空、风、阳光、气息与声响流了进来。合院里两棵银杏树的树冠是飘在空中的屋顶，与层层灰瓦屋顶交叠蔓延。树下的室外空间联系着四面屋顶之下的室内空间，彼此间流动连续。

工作室位于北房，是合院里最大的室内空间，和院子的接口是一道透明的长型空间而非单纯的立面，由金属薄墙与透明玻璃、厚透明树脂板构成的虚空间，由入口侧起分别是展示窗、推拉门入口与半室外透明展间。立面展现不同表面处理的金属反射与漫反射，树脂板与玻璃不同的透明性。不仅为室内提供充足自然光，整道长型空间仿佛是光的载体，交互映像着室内外风景，虚化了室内外边界，光线与风景因为水平向的延伸，即使在室内也像是大树下工作。半室外透明展间与院子之间是由13片平行斜置的25毫米厚透明树脂板间隔，在这个宽700毫米的空间之内，有微风、光影以及透明树脂板的厚度所呈现的如晶体般的表现性，和其抛光表面细微的反射，它是通透的界面、也是展品。除平时展示工作模型，展间也不定期举办展览。

院子另一侧，从东、南至西分别为客房、卫浴、厨房和咖啡图书室。在有限的院子空间里，我们最小限度地植入一层由钢结构、玻璃与阳光板构成的轻质半透明界面空间，把各功能空间整合在一起，是廊子也是空间的延伸，让院子透过半透明界面或玻璃推拉门，蔓延至有限的室内。所使用的阳光板可以带来必要的私密性，和一定的保温隔热，也柔化了进入室内的自然光，并随着日光树影变化着丰富的室内风景。

使用上，除了日常的工作室，借由周末的公共活动、展览、艺术家驻地等，我们与城市共享着院子里的空间，在分享与交流的过程中，积累院子里独特的场所记忆。

生活的实验场，人、物件和自然组成的城市

我们选用胡同里常见的材料与简易的工法，让新的事物可以轻松地融入原有的风景，并让人可以自在地使用，创造新的意义。建筑的诞生或是城市的演变，背后都有严谨的组织系统支撑着，院子之于我们，除了工作，更像是实验场，对待每个物件、工具、植栽或胡同里的小动物，我们试着透过每一天的工作、交流、做饭、休息、走动，找到彼此合适的位置与方式，学习着在这一大片屋顶之下逐步建立韵律，并把它内化至作品甚至语言，这些细微的练习与观察，是建筑的一部分，也是描绘城市记忆的线索。

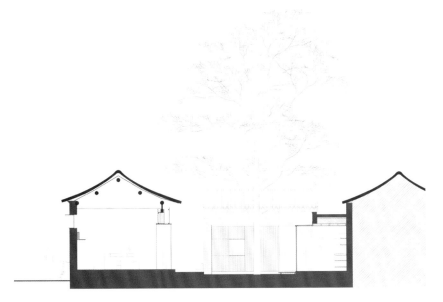

剖面图

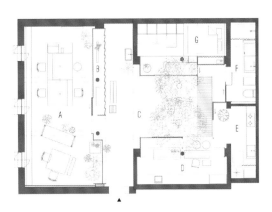

平面图

粤澳合作中医药
科技产业园总部大楼

Headquarters of Tradition Chinese Medicine Science and Techology
Industrial Park of Co-operation between Guangdong and Macao

Aedas／设计单位、摄影

粤澳合作中医药科技产业园总部大楼位于横琴西北角，将成为整座园区的门户，由可租用办公、展览中心、服务中心、会议室及商业设施组成。建筑充分体现了珠海横琴"合作、创新、服务"的发展理念，发挥城市地域优势，推进港澳紧密合作、融合发展。

由中国传统"天圆地方"的概念汲取灵感，建筑形态展现了人与自然的和谐关系。主楼由两座塔楼组成。西楼外形方正，围绕着中庭，有供人们休憩的室外空间。与绝大多数办公楼不同，项目拥有一座自然光线充沛的15层高巨型中庭。建筑体块自上而下可分解成一系列"盒子"。东楼则缓缓环绕于双中庭，与西侧楼形成对位。建筑的平台呈现并创造出了一个松散的空间网格，为屋顶的户外花园营造了一个完美的环境。裙楼打造出宽敞的系列空间，与屋顶花园营造出的优美环境和谐交织，自然被融入到了建筑之中，完美响应当地气候条件。整栋建筑外形疏漏有致，与自然和气候相互呼应，并且被赋予了更多的功能和更丰富的体验。

竣工时间
2018年
建筑面积
68000平方米

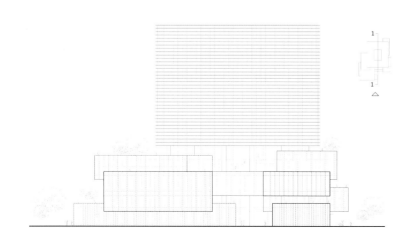

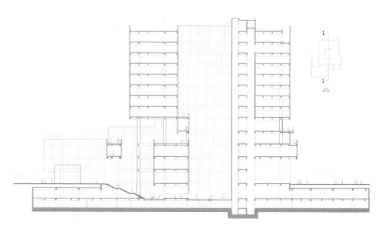

剖面图

主持建筑师

刘程辉、纪达夫（Keith Griffiths）

竣工时间

2017年

占地面积

1,944平方米

建筑面积

11449.8平方米

景观设计

Aedas、邱垂睿建筑师事务所

中国，台北

砳建筑
Lè Architecture

Aedas / 设计单位、摄影

砳建筑是矗立在台北基隆河畔一座集优雅与个性于一身的新建筑。这座70米高的18层办公大楼，重新定义了作为台湾新兴区域的南港科学园区的天际线。作为一座在设计构思前期即引入绿色概念的建筑，其标志性的植生绿墙不仅令人悦目，更是在功能上成为建筑低能耗、高节能结构的有机一环，令砳建筑荣获美国绿建筑学会颁发的LEED金级认证。

地点及环境

建筑位于台湾台北市东南面的南港区，区内设金融园、软件园、展览馆、中央研究院等，为正值快速发展的区域。项目北临环河东路，南靠重阳路，邻近南湖大桥及捷运文湖线南港软件园区站。无论驱车或乘捷运经过这一带，砳建筑总是最亮眼的存在。

设计概念

建筑融合在地地域文化，并以当代建筑形式呈现。设计灵感来源于附近基隆河畔的鹅卵石，独特的造型在传达圆润和优雅的美学理念的同时，兼具力量和个性。建筑的"卵"状外形作为生命的初始形态，隐喻地区的复兴，更是知识的孵化器。同时，卵石由河入海的生命历程，也象征着作为台北新生力量的南港科学园区的全新出发。

空间运用

建筑致力打造高效、互动和健康的室内办公空间。它由多个贯穿各层的"城市客厅"串联而成，可根据需求安排咖啡厅、烹饪间、小型图书馆和讨论区等不同功能，为打造兼具舒适性和启发性的创意环境提供可能。室内空间的多样性亦通过建筑北端和南端的户外露台延伸到室外，和丰富多彩的立面效

果完美呼应。"城市客厅"的存在，使建筑不再是以往人们熟悉的刻板、遥远的庞然大物形象，而是充满生气的、会呼吸的有机体。

建筑特色

建筑采用可持续发展的绿色建筑设计，通过应用 Aedas 内部工具，透过先进的绿色 BIM 设计平台及科学化的绿色建筑分析，结合建筑美学，量身打造绿色设计策略。

高70米的植生绿墙，应用了多种方式有效控制建筑热耗，实现低碳节能的设计目标。办公楼设计采用直面玻璃，方便施工。西立面作为"会呼吸的立面"，绿植为室内办公空间提供了有效遮阳，从而降低室内温度，减少冷气和能源的使用；植物同时可将室外空气过滤，令办公大楼内的空间更为清新。

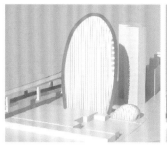
幕墙

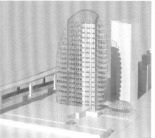
户外走廊

绿化分层

像素化图案

呼吸式渗透

立面分析图

概念

绿墙

城市会客厅

阳台与立面优化

立面遮阳效果

形体分析图

分析草图

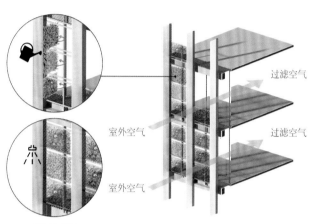
灌溉与维护　　　　　绿植系统分析图

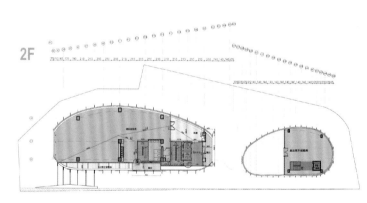
2层平面图

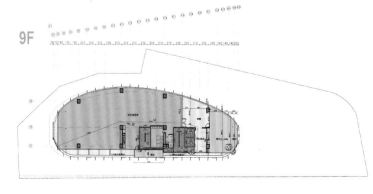
9层平面图

广东，深圳

SBF塔
SBF Tower

ONJ / 摄影

OHA公布的一系列深圳SBF大厦的新照片展示了普利兹克奖得主汉斯·霍林(Hans Hollein)和克里斯托弗·蒙沙因(Christoph Monschein)在深圳福田区即将完工的设计作品。早在2010年，该项目就由南方基金和博时基金两家共同发起，当时的设想是让其凭借特别性与附近的所有高层建筑形成对比。它令人难忘的设计以汉斯·霍林(Hans Hollein)在芝加哥时绘制的一幅早期草图为基础，这座办公大楼在城市肌理中具有战略地位。紧邻市政大楼及其南北主轴，地处东西走向的深南大道，在深圳的中心城区具有极重要的地位。

大厦的设计方案是一个45米 x 45米的简洁单方形建筑，共42层，总高度为200米，地上总建筑面积80500平方米。裙楼结构部分框架位于底部区域，入口区域、公共商务大厅和一间高级餐厅都在这里。

作为有垂直花园整合其中的高度雕刻的建筑，

大厦本身呈现非常独特的外观，展现可替代的工作方式和设计的可持续性。垂直方向上，塔是一个分层结构，有两个不同的区域，每个区域5到6层，重复三和四次，相互交替。其中一个区域有6层相同的楼层，外围是正方形。

但是另一个5层的区域外观看起来十分复杂：每一层楼看起来都不一样；深深的后移和延伸的悬臂沿着想象的立面线互换，长满了植物。

这些空中花园层的优势还在于它们特别设定的多用途外观是非常灵活的，可以很容易地适应各种情况。

大楼的主入口位于北面，有一条隐蔽的车道。

所用的材料是优雅的石材、木材、玻璃和金属。

主持建筑师

汉斯·霍林

主要设计人员

克里斯托夫·蒙沙因、乌尔夫·科孜

竣工时间

2018年

建筑面积

80000平方米（办公区）

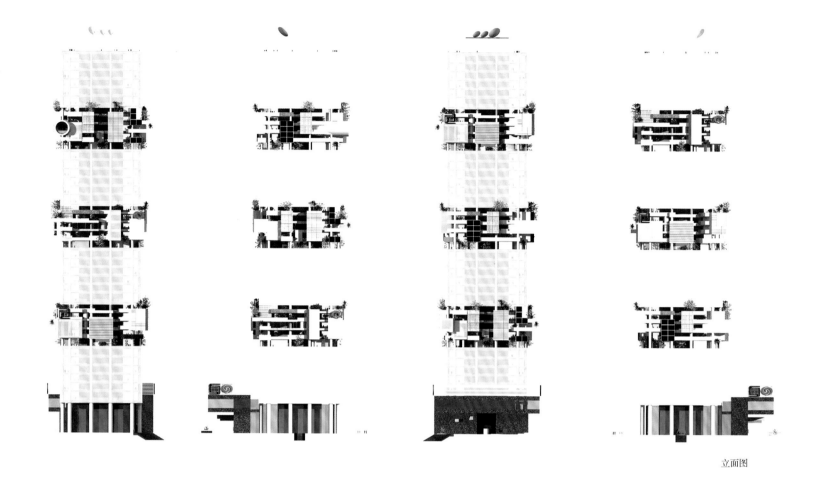

立面图

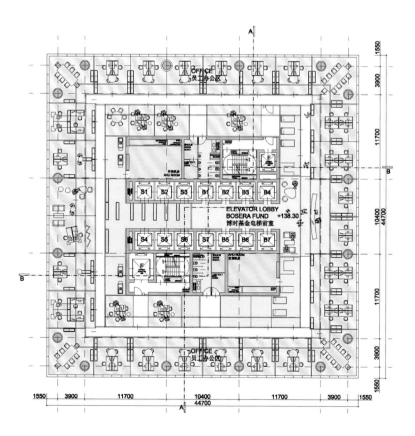

标准层平面图

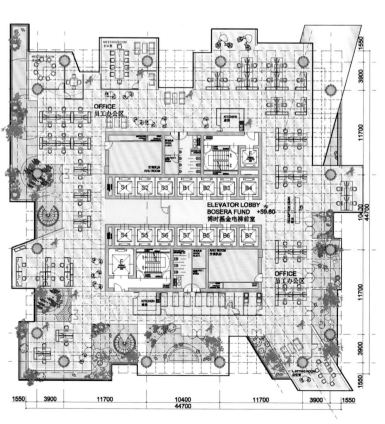

花园层平面图

主持建筑师

图奥马斯·西尔

竣工时间

2017年

建筑面积

约 190000 平方米

总建筑面积

103650平方米（塔楼部分）

约160000平方米（地下部分）

四川，成都

Icon · 云端
Icon Yunduan Tower

PES-ArchitectsPES建筑事务所、
中国西南建筑设计研究院（本地建筑师）/ 设计单位
马克·古德温、Zhewei Shu / 摄影

Icon·云端是一座192米高的混合型建筑，位于中国成都市郊的高新区。该项目的目标是打造一个在进入城市即可注意到的地标，使其成为该区域其他已有建筑的焦点。该项目是在2009年举办的建筑设计竞赛中优胜方案的基础上实现的。

项目包括一个办公和住宅区域的设计，经过与客户和一个本地设计事务所——中国西南建筑设计研究院(CSWADI)——的进一步合作开发。在设计过程中，原本计划用作办公大楼的建筑逐渐发展成为多功能、多用途的建筑综合体。购物中心占据了建筑47层中的最低两层，而第三层和第四层则是餐厅。一个会议中心横跨五楼，接着是23层的办公室和13层的公寓酒店。顶层的三层为餐厅、接待处和会议区。屋顶设有直升机停机坪。

地下空间原本计划容纳水疗中心和健身房，但客户后来决定用一个可容纳900人的音乐厅取而代之。这部分是由西南建筑设计研究院设计的，一部分在建筑下方，一部分靠近建筑。

地下空间还可有3000个停车位，并与地铁站相连。

建筑在一楼的平面呈L形，向顶部延伸变成一个正方形。这种形式打造出一个可以俯瞰天府河的宽阔立面，以及沿着天府大道（通往市中心的主干道）划定的场的边缘伸展。南侧和东侧的弧形立面由30层的绿色露台界定。玻璃和釉面陶瓷元素在其立面上形成格子图案。凹槽玻璃表面交替填充，形成200毫米高，900毫米宽的垂直堆叠釉面陶瓷面板。

成都地处地震高发区，而本案建筑位于土质松软的地块上。这座建筑巨大的结构设计方案考虑到了潜在地震的影响。建筑的混凝土核心支撑包括竖井和垂直连接，而建筑框架的其余部分是钢结构。在五层楼高的大厅里，柱子有1.5米宽。中央升降机

及建筑工艺竖井墙厚1.2米，基础底板厚度在2米以上，占地数公顷。

PES建筑设计事务所还为场地打造了总体规划和概念景观规划。设计草案还包括建筑所有公共空间的详细室内设计方案；然而，这些内容后来根据当地偏好和租户要求进行了调整。建筑的空间亮点是30米高的大堂，面向东面和河边，周围是商业空间、餐厅和会议中心。

该建筑的主要租户是欧盟，欧盟计划将其用作欧洲组织和企业在中国西部的基地。建筑的曲线造型和梯田形式取自水元素，就像一座有花园梯田的白色大山伸向天空。因此，这座建筑被命名为云端，即"云之上"。

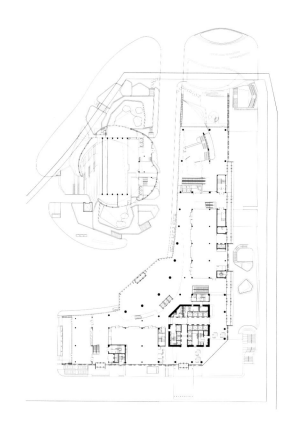

1 层平面图   2 层平面图

山西，太原

太原南站交通枢纽商业综合体

Taiyuan South Railway Station Traffic Hub Business Complex

法国AS建筑工作室、
北京城建设计研究总院有限责任公司（联合设计）／设计单位
战长恒／摄影

太原火车南站片区包含一个南北宽约200米的大型城市广场，使整个火车站直接面向城市，广场设有一个大型公园及不同层级的交通网络。位于广场两侧的建筑群各安置了七个立方体的办公、酒店与商业综合体建筑。

建筑群面向城市的立面简洁而统一，而面向中心庭院的立面则通过红色体量的穿插和连接，营造出尺度宜人、活跃灵动的商业氛围。主体建筑部分采用双层幕墙系统，内幕墙是浅灰色玻璃幕墙，外幕墙采用装饰性钢索，通过改变方向、相互叠加，形成网状钢索立面效果，将高速铁路铁轨的形象延续到了建筑之上。红色体量采用彩釉玻璃幕墙，不同宽度的红色条状图案平行排列构成彩釉玻璃的肌理，保证内部采光要求的同时，增强其体量感。

灯光设计亦是立面的重要环节，网状钢索被照亮后形成相互交错的光线，笼罩在建筑外围。整个立面随着光线强度的变化而具动感的立面效果，形成别具一格的城市景观。

竣工时间
2017年

占地面积
96000平方米

建筑面积
256000平方米

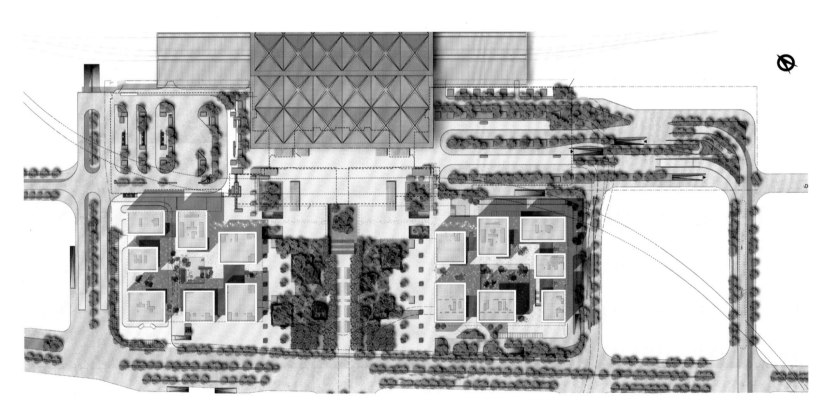

总平面图

竣工时间
2017年
占地面积
420000平方米

中国，上海

上海外滩金融中心
The Bund Finance Centre

福斯特设计事务所（Foster + Partners）、
海德威克设计工作室（Heatherwick Studio）/ 设计单位
劳里安·吉尼托伊（Laurian Ghinitoiu）/ 摄影

　　上海外滩金融中心是由福斯特建筑事务所（Foster + Partners）和海德威克设计工作室（Heatherwick Studio）共同设计的一个新型综合开发项目，为上海的外滩地区增添了一份新的活力。项目位于上海著名的外滩景点，这座新建筑成为了上海最著名街道的"终点"。项目总体规划囊括420000平方米的用地面积，适合行人步行。设计构思是要让这座建筑成为旧城区与新金融区之间的连接点。受城市环境因素启发，在用地的南面布置了两座180米高的地标性建筑，而面向外滩的建筑群则高矮不一，错落有致，与外滩上那些著名的19世纪建筑物有节奏地联系在了一起。规划案的中央核心区是一座综合性文化艺术中心，作为上海复星艺术中心（Fosun Foundation）的所在地，将展览和活动大厅以及表演场地结合在一起，这个设计的灵感来自于中国传统戏院的开放式舞台。

　　福斯特建筑事务所负责人、高级执行合伙人

杰拉德·埃文登（Gerard Evenden）表示："上海外滩金融中心在老城区和新金融区之间建立起了关键的联系。这个项目中我们打造的'体量策略'是一次有趣的挑战，从体量上将旧城区环境和新建筑结合起来，同时体现了整个外滩的规模和历史遗迹的特征。"海德威克设计工作室创始人托马斯·海德威克（Thomas Heatherwick）表示："这里曾经是旧上海通向老城区的一个重要河道关卡，而现在，我们获得了创建这座420000平方米项目的难得机遇。我们感到有责任去寻找一条新途径，让外滩金融中心与周围那些令人惊叹的建筑遗产紧密联系起来，创造出一个让成千上万人聚在一起工作的、实用的公共场所。"受外滩那些富有影响力的历史建筑的材质和规模的影响，主要设计人员创建了一个囊括一系列简单办公楼、购物中心和文化娱乐功能的新建筑。高性能玻璃窗结构系统与手工雕刻的石材结构结合在一起。这些结构又成为新建公共空间的外围界面，与外滩历史悠久的建筑群遥相呼

应。规划案中共有八幢建筑，将高级写字楼与精品酒店、文化中心以及各种奢侈品零售店组合在一起，布置在公共广场周围。零售空间以精品店、国际品牌概念店、奢侈品购物中心和餐饮店的形式呈立体分层布局。精美的石雕和青铜饰品让建筑拥有了珠宝般的品质。每栋建筑的边缘都是由手工打磨的花岗岩构成，极富质感，并且随着楼层的增高体量也变得更加苗条，给人的感觉是基础坚实，而顶部则轻盈通透。

　　文化中心承载了该项目的核心功能，是一个国际艺术和文化交流平台，也是各大品牌举办活动、发布新产品的场所。建筑四周是一个活动的帷幕，能够适应不断变化的建筑用途，阳台上不仅能看到舞台，还能将浦东的景色尽收眼底。建筑外立面是与上海同济大学的工程师合作设计的，活动帷幕沿三条轨道分布，由675个独立的镁合金"流苏"组成——这里借鉴了中国传统的新娘头饰。这些"流苏"的长

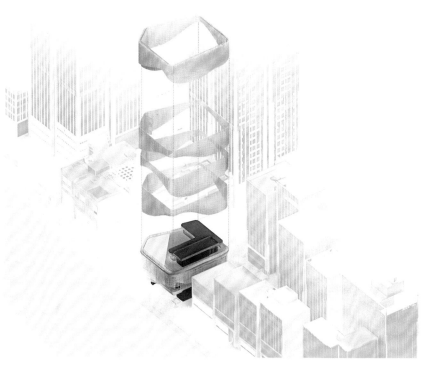

轴测图

度从2米到16米不等，可以在每个轨道内单独移动，帷幕会随着流苏重叠而旋转，产生不同的视觉效果和透明度。埃文登还表示："该文化中心是手工艺与技术的一次完美搭配。它受中国传统纺织技艺启发，同时还融入了最新的尖端技术，并且还能抗震，防御台风等恶劣天气。其独特的形式将为游客提供难忘、非凡的体验，灯光映射下的舞台和活动帷幕为城市生活创造了独特的背景。"

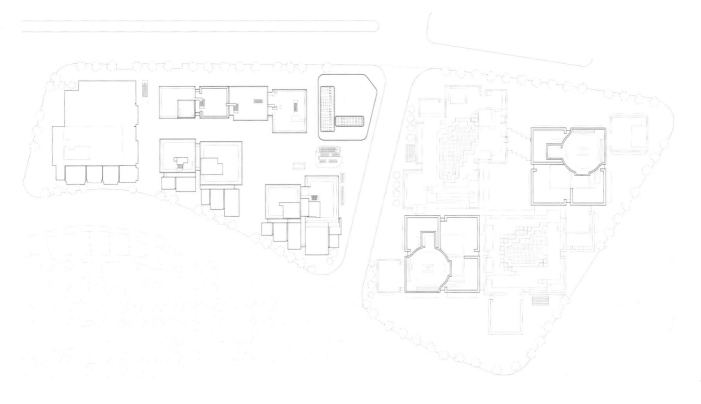

总平面图

竣工时间
2018年
总占地面积
78000平方米
建筑面积
84000平方米

广东，河源

深河·金地创谷

Shenhe Gemdale Innovation Valley

水石设计 / 设计单位、摄影

本项目位于广东省河源市高新区，是河源市近年来大力开发和发展的中心。基地紧邻城市来向主干道，周边设施待完善。未来周边规划有五星级酒店，三甲医院以及大面积商住混合用地。

文化、体验、生态、空间的融合

本项目为金地第一个真正意义上的产业园，是金地在探索产业地产，包括新的土地形势下的产业研究。

区别于传统的办公产业园区，河源创谷项目将风情街区商业、创服公寓以及展厅建筑等融入到整体园区设计中，力求打造出展示河源高新区形象价值的作品。

设计师想要打造低密度高舒适度的产业化办公园区。穿梭在如自家庭院的景观小品之中，步入办公空间，不失为一件惬意之事。

最大化的商业价值，安逸舒适的办公空间

设计之初，根据土地价值分析、用地性质和一些制约条件，基地主要分为两个区块。

基地为方形地块，西邻的兴业大道为高新区价值最高的主干道，所以沿大道布局商业，且为金地自持。西南门户布局广场和特色展厅以满足河源政府的诉求。东面则是工业用地，作为产业园，置入合院式产业办公和加速器等，满足深河公司的诉求。

园区入口两栋标志性建筑吸引人流来向；低密度办公组团在园区内部形成安逸舒适的办公空间；创服公寓位于园区城市人流来向最近处，交通便利又能与园区内部形成互动。

结合地方元素，引入建筑设计

（1）河源展厅

河源是一座客家文化为主导的城市，客家文化在建筑表现上最鲜明的就是土楼。我们通过对当地建筑形态的研究，挖掘出了一些元素。

客家的土楼其实是一种防御性的建筑，我们通过模仿它内敛的建筑形式。以大面的实面和小窗，来与河源的地域文化进行交互。

河源展厅的立面材料选取了现代感强的金属穿孔板，结合河源当地山水元素、客家文化，穿孔板打孔形成不规律山水图案，展现出山水灵动之感。

（2）风情商业街

基地的进深较大，商业布局选择了内部双动线的方式，形成一个流线闭环，把前后商业的进深化解掉。同时保证商铺临街面最大化，展示性和商业价值也最好。二层连廊解决上层商户的连接性与便捷性。

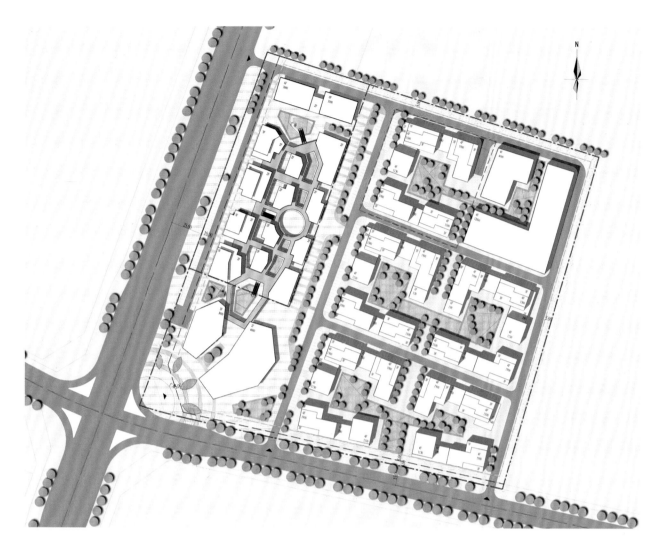

总平面图

展开立面

临街的设计等级最高，中间次之，内部最低。中间的小盒子采用了很现代的构成手法，配上砖和玻璃幕墙形成一个商业街区。以视觉焦点带动整个内部的商业氛围，提高吸引力。

商业街的整体立面采用深色金属格栅突显现代感，同时融入青砖带动整体街区风情化气氛。

（3）合院式办公

合院式办公是具备可生长性的，作为一个孵化产业园，企业对于办公面积段是灵活需求的。而我们这种合院式的产品进深比较小，能拆分为很小的办公单位。同时组团化更利于企业的成长，内院的布局也能保证私密性，院子和绿化也会让办公的品质也得到了保证。

合院式办公以及创服公寓、宿舍等业态也主要采用现代风格面砖及涂料形成构成感强的立面风格，突出产业园区的创新感。

细节之处，方显匠心

河源展厅的设计上，我们不希望有传统的穿孔板遮挡住窗户，希望每一个窗户都能够进行采光和通风。同时也从朗香教堂汲取了采光的方式，使光具有渗透感，形成一些比较有趣味的场景。下半部分是全玻璃幕墙，从远处看有一种飘浮的感觉。

穿孔板的图案上，我们从河源市著名的桂山剪影得到了灵感，融山水于微末之中。

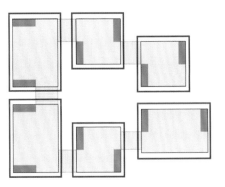

单栋
500~1000 ㎡
连廊作为公共空间

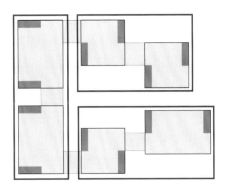

双拼
1000~2000 ㎡
连廊作为公共空间

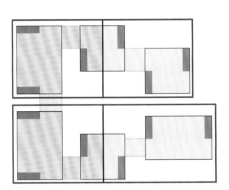

相邻拼接
1500~2500 ㎡
连廊作为办公空间

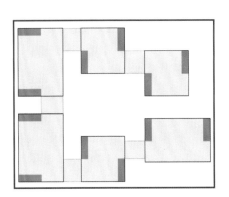

组团拼接
8000 ㎡
连廊作为公共空间

可生长的建筑空间

主持建筑师

庞嵚

主要设计人员

蒋毅（项目负责人）、喻翀、王筱春等

竣工时间

2017年

占地面积

17224平方米

总建筑面积

140000平方米

（地上部分95000平方米）

中国，上海

世贸一期
The New Bund World Trade Centre (Phase I)

贝诺（Benoy）／设计单位、摄影

　　继完成了上海陆家嘴前滩核心商务区的总体规划后，贝诺（Benoy）又完成了区域内"世贸一期"的建筑设计和室内设计等工作。本项目是大型浦东陆家嘴前滩开发的重要部分。世贸一期所在的整个前滩片区将成为上海新的世界级的中央商务区域。

　　前滩世贸一期的建筑设计是贝诺（Benoy）对于之前为陆家嘴前滩商务区整体规划后的一个思路延续，是一个在建筑尺度上的印证。多层次的城市步行系统连接，商业院落的交错布置，连续的城市界面，种种这些丰富地处理了城市空间，增加了建筑的公共性和体验性，从而最大化了建筑基于商业之上的成功几率。项目东面坐落两栋135米高的甲级办公塔楼，西面为三层高的商业街区。世贸一期旨在建立一处新颖且具有活力的时尚生活中心。规划人行尺度的人性化设计，并结合大型绿色空间，为前滩区域打造出一座可持续发展的商业目的地。占地面积超过15000平方米，半露天式

的裙楼设有户外空间、双层行人廊桥、郁郁葱葱的绿植、露天餐饮和零售商户，为周围的上班族、到访的游客及附近的居民提供多层次的休闲绿洲。开放的广场为所有到访的人们提供了充足的公共户外空间，以便人们在午休和下班后可享用这个空间并得以放松身心。屋顶花园和阳台的设计不仅为整个项目带来生机活力，同时将商业中心与周边环境自然融合了起来。贝诺（Benoy）的设计原则之一就是将有效性和灵活性进行充分结合，让建筑适应不同的业态要求，从办公室到商业零售，甚至餐饮区域，这也是最大化一个建筑商业性的方式，所以选择直线条和块面作为主要设计语言，形成建筑挺括、大方的建筑气质。

　　设计以人为本，在二层设有廊桥将办公塔楼和商业裙房巧妙衔接，让人们可在整个项目自由的通达到各栋单体内部。连桥被玻璃幕墙包围，可俯瞰下方的商业裙楼，加强与方案的核心部分的视

觉连通性。另一座连廊设置于地下停车层，借此项目内的整个商业动线得以贯穿，着实提高了项目内部的通达性和便捷度。街区式商业的形成，凸显了项目在区域内更具丰富度和差异化竞争的商业空间的考虑。在二层我们设置连桥和塔楼分别连接，便于商业人流到达办公楼，也便于塔楼办公人流使用二层空间，从而提高租户商业成功几率。同时，在立面语言上，采用冷暖两种色系，并处理为不同灰度和明度，产生丰富的色彩肌理，在整体统一的前提下，增加个性和空间领域的划分，使人们能产生不同个性的空间解读。塔楼幕墙在满足玻璃比的严格要求下，将竖向百叶隔层断开一个小缝隙，在侧面观察建筑时便形成了一组平行的线条。这些细节的设计也是希望在不增加造价的基础上，使建筑更加细腻精致。商业裙房采用多种材料以确保空间内的丰富多彩，包括陶土板、金属铝板和玻璃幕墙，借以展示不同类型的建筑语言。

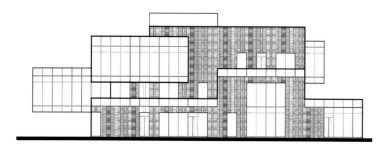

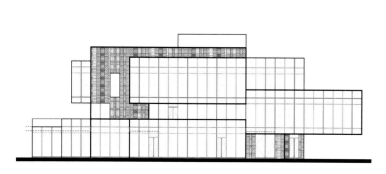

图例：

▤ 金属饰面板，表面氟碳喷涂

▢ 8+1.52PVB+6+12A+8mm 钢化中空夹胶玻璃

▦ 面砖饰面

▢ 连桥位置示意

立面图

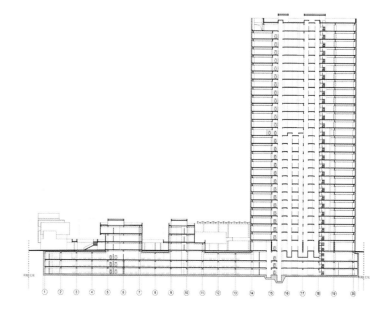

剖面图

主持建筑师

徐光、王丹丹

MADA s.p.a.m.（合作设计）

主要设计人员

季仲夏、何凡、张德俊、

杨朕钦、耿令香

竣工时间

2018年

建筑面积

2400平方米

浙江，绍兴

回 转 艺 廊
Heli-stage

介景建筑ATAH、MADA s.p.a.m.（合作设计）／设计单位　shiromio／摄影

CTC绍兴中纺时尚中心是绍兴科学城的综合性商业项目，现已正式开业。整个工程涉及多种商业业态混合，是整个绍兴柯桥科学城的核心纽带。其中一枚回转艺廊就是这纽带上的核心璀钻。

回转艺廊位于CTC绍兴中纺时尚中心商业群的咽喉要道，既是艺术和体验商业的承载体，也是整个项目对外的标志性入口展示。正因为这样的项目背景，在立项之初，我们就意识到此处呼唤的是一个具有独立个性、集商业爆破力和艺术感染力于一身的特殊构筑物。

设计展开的概念切入点是提供一个螺旋的展示舞台，混沌楼层的差别，翻转室内外的界限。创造一种无界连续的展览空间体验。为了实现这样的空间体验，我们采用了螺旋面最小曲面的几何原型。当参观的人们拾级而上的时候在眼前展开的将是延绵不绝的景象。不经意间就在室内/室外的风景/展物中穿梭了。而当需要举行大型的演出、秀场表演的时候，表演者仿佛脚踏着巨形的旋转楼梯款款的走到舞台中央。

为了实现如上的空间意向，设计采用了核心筒+整体钢结构，主要做法如下：1.主要的竖向结构是位于圆心的钢结构核心筒，内含管井和电梯设备。2.其中从一楼上三楼的楼梯旋转面直接由和钢结构核心筒相切的，水平钢梁向两侧悬挑叠加支撑。3.三层整体桁架，结合平面外围布置的悬索吊住下方结构。创造水平面的无柱空间，自由平面。4.利用结构桁架内空间与吊顶内空间布置管线及设备。可以说这栋真正的莫比乌斯流线的达成，完全依赖的是结构的颠覆性设计。

出于对形态概念的进一步加强，外幕墙是采用三角形弧形双层Low-E玻璃单元尺寸（3米×2.3米×1.6米）包裹整个圆柱立面。中间顺应坡道面的展开撕裂出圆弧的切口角度为三角面边角的1/2，如此只需基于同一个单元尺寸来生产加工。

由于项目紧挨高铁线，其传播效应将是跨城市级的。回转艺廊在项目开始之初，业主就提出一个设想最大化的让建筑成为整个中纺城项目的展示节点，为此我们除了为项目寻找契合的内部空间特性，还需对外进行最大的投射。于是光电幕墙成为最佳的选择，最终采用的是360度P16整体铺设，将在夜幕降临之际变身为一枚跳动的璀璨明珠；或在圣诞之际化身为白色的冰雪城堡。

室内设计核心概念契合纺纱主题，从纺纱相关的物件中提取抽象设计元素，以旋转、扩散、交织为手法包裹行走在建筑内的观众，在展现奇特空间质量的同时，产生的那一点点的感动。若你驻足，有所深思，也许你的思绪会在展厅顶部的层层涟漪中，迎接建筑师想要告诉你的那个答案。室内

设计通过对纺织工艺抽象的提纯深化建筑概念中浩大、流动、生生不息的建筑体验。正因为此，我们相信对绍兴纺织文脉的传承，对结构空间表现力的展现，对表皮层次的系统拟合将是支撑此建筑具有持久生命力的源泉。

有趣的是，作为多元化的设计机构，我们联合珠宝设计师共同推出了基于项目的限量版挂件。深受业主和时尚人士的喜爱，扩展了设计介入生活的另一种角度。

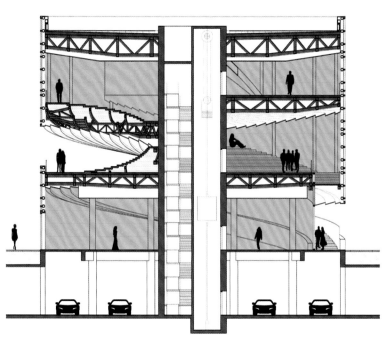

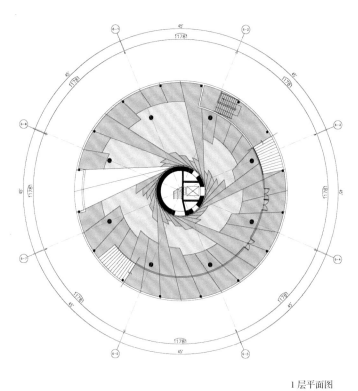

钢结构桥架从核心筒向外出挑

1 层平面图

主持建筑师
刘明骏
主要设计人员
王建海、陈彬磊、黄晓、汪猛、于萌
占地面积
400000平方米
建筑面积
220000平方米，展览面积
180000平方米
主要结构形式
钢结构
工程造价
人民币20亿元

山东，青岛

青岛国际博览中心
Qingdao International Expo

北京市建筑设计研究院有限公司、美国NBBJ公司／设计单位　SAVOYE RM／摄影

青岛国际博览中心坐落于青岛东海岸，崂山山脉东北方向，地处青岛市东部滨海大道即墨温泉段，南邻鳌山湾海域，距青岛市政府约50千米，可通过公路、轻轨、游艇等交通设施直接抵达，交通十分便利。青岛国际博览中心位于国家十二五重点规划项目青岛"蓝色硅谷"核心区。青岛国际博览中心整体规划为四大功能区域，建设南、北登录大厅、多功能馆、十座标准展馆和一座大型室外广场，主体为钢结构单层设计，总展览面积约260000平方米，其中室内展览面积约140000平方米，室外展览面积120000多平方米，可容纳6000多个标准展位。

标准展馆：十个大空间、无柱结构的单层标准展馆，为参展商提供专业、灵活的操控体验，单馆建筑面积约为12000平方米，净展览面积近10500平方米，可容纳约504个国际标准展位，展厅最高点约18米，最低点12米，地面荷载50千帕，同时设置多个标准出入口和货物装卸口。标准展馆还设置

多元化办公区域，以及会议室、接待室、餐厅、休闲区等多功能场所，满足展览展示期间的各种办公室、商务、休闲需求。

南、北登录大厅：两座总面积约30000多平方米的南、北登录大厅，配备国际高端水平的中心登录大厅和多元化配套服务设施，是青岛国际博览中心标志性建筑元素，也是集登记、接待、商务、休闲、餐饮、媒体等多项服务功能为一体的综合区域，可以满足行业主管单位、组委会、展商、观众、媒体等各种类型的使用需求，为客户奉献独具魅力的超完美服务。

多功能馆：拥有13000多平方米超大建筑规模，建设约5000平方米室外前厅和约8000平方米的室内展厅，独备强大的会议论坛、多媒体应用和展览配套功能。馆内设置多种类型大中小型会议室以及同时容纳数千人以上的大型多功能厅，配备先进的视

频、音响设施，可达到视频会议、讨论报告、培训演讲、演出活动等使用功能，是举办专业会议、高端论坛、协会/商会交流、政府/企业会议等多种类型会议活动的最佳场所。另外，该馆还可举办室内体育赛事、公众性演出及小型商务展示、小型精品展示、媒体见面会等多元化活动。

大型室外广场：拥有约60000平方米的超大规模室外展场，能够满足专业类型的常规室外展览展示需求，还可举办大型城市文化活动、庆典仪式、公益演出活动、商业演出活动、政商推介会、汽车试驾等综合性活动。同时，室外广场配备可容纳3000多辆机动车同时停车的规范化停车场，为客户提供舒心的配套交通服务。

设计理念

重要地标：青岛国际会展中心，展览专业化程度很高，未来将伫立在滨海青岛，成为该地区重要

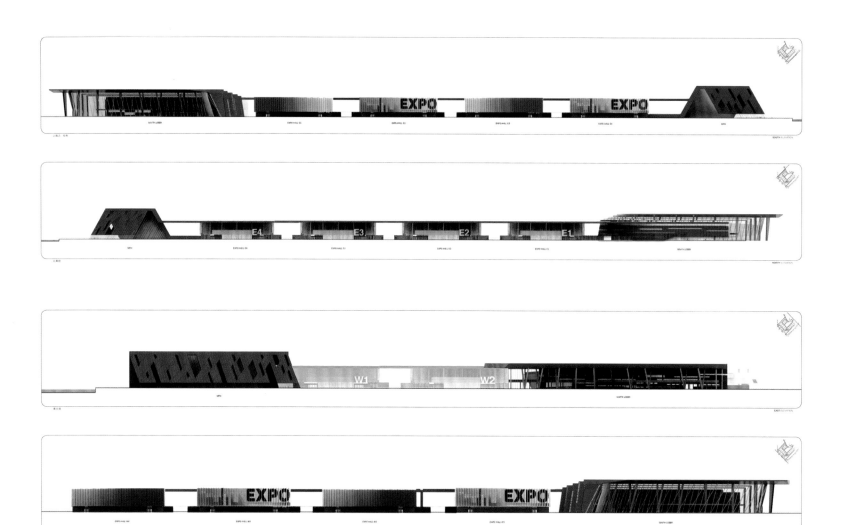

立面图

经济活动的标志。全年都可使用，服务配套设施非常齐全。硬件条件足以支撑其成为该地区最大、最专业的博览中心。

规模效应：包括了10个150米x70米的平层展馆，共5400个标准展位，一正一副两个枢纽空间，一个多功能馆，以及大型的室外展场和停车场。

概念领先：简洁、灵活的博览场馆. 运用了现有国内会展建筑的成熟技术和先进理念，会展各项功能划分清晰，分合自如，各种动线明确合理，空档期运营低廉，并为未来会展功能进一步拓展留有空间，为功能再挖掘留有余地。

过目不忘：总图动感十足，外观色彩鲜明，造型气势恢宏。

美观务实：造型设计充分满足内部功能，以及会展建筑的功能特点，美观而不形式化。采光，标示均在方案阶段予以充分考虑。所选材料都是常见材料。

考虑景观：博览中心构筑了连接青岛其他所有区域的景观绿带。

带动周边：博览馆的建设将吸引人流，与周边商业功能互动，并带动该地区经济一起协调发展。青岛国际博览中心将依托周边环境塑造国际化会展大舞台，成为集展览、展示、会议、论坛、综合活动为一体的理想场所，构建一座崭新的沟通桥梁，为提升区域经济以及青岛走向世界、世界了解青岛的发展规划锦上添花。

技术要素

作为目前中国北区最大的国际化博览中心，展馆自身设计合理，拥有展览、会议、商务、餐饮等多项综合功能，既可承办大型工业机械展、设备展等专业展览，也可承办珠宝、奢侈品等中小型高端展示，还可承接各种规模的论坛、会议、试驾活动等，每天可接待数十万参观者，形成巨大的人流、物流体系，带动周边产业，稳固会展经济。青岛国际博览中心周边均配套四、五星级酒店，及不同档次的商务型酒店，日可接待数万人同时住宿及就餐，大型商业及休闲娱乐设施逐步完善，同时周边丰富的地理人文旅游资源，为举办大型会议及展览提供了良好的商务及休闲旅游环境，随着城市规划格局的进一步完善，青岛国际博览中心势将成为环海经济圈中地位独特的展览及旅游目的地，发挥重要的经济产业链带动作用。

设计难点及解决方式

工程是青岛市的重点工程项目，工程的高度不高，但是体量较大，其中的展馆平面展开面积较大，跨度为70米x150米。结构方案的选择对建筑造价控制具有比较明显的影响。但是同时也应看到，建筑结构的经济性不单是省钱的问题，也是节约资源、实现可持续发展的国策要求。控制经济性的最好方式，是在方案设计阶段对结构设计的合理性进行充分的考虑。因此，在结构设计方面要遵循的基本原则是：采用先进的设计理念、优选成熟的结构体系、进行精细的优化设计、保障实施的安全可行。设备方面贯彻环保、节能、资源综合利用的概念，贯彻绿色生态可持续发展的概念。

主持建筑师

刘淼、王超、孙静

主要设计人员

于东晖、于永明、周有娣、方向、

段新华、梁梦彬、齐永利、周林、

何书洪、崔玮、王耀榕、张莉

竣工时间

2017年6月

占地面积

20800平方米

建筑面积

149633平方米

主要结构形式

钢筋混凝土框架

景观设计

地茂景观设计咨询（上海）有限公司

荣誉

绿色建筑三星认证

LEED金级认证

2014年度北京钢结构金奖

2018年度鲁班奖

中国，北京

王府中环
WF Central

北京市建筑设计研究院有限公司、KPF建筑设计事务所（合作设计）/ 设计单位
付兴、香港置地 / 摄影

王府中环项目地处北京最繁华的商业步行街——王府井大街，地块东至王府井大街，南至大甜水井胡同，西至晨光街，北至大阮府胡同。北侧紧邻北京市百货大楼，西侧遥望故宫，位置显赫。该项目是北京市东城区政府制定的王府井商业发展规划中的重要一环，力图引进国际一线品牌专卖店和旗舰店，并将该项目打造成为品牌和时装发布的标志性商业建筑。

本项目总建筑面积约150000平方米，其中包含超过40000平方米的零售空间和配有73间客房的文华东方酒店。建筑地下一层至地上四层为零售商业、餐饮，地上五、六层为精品酒店，地下二层至四层为车库、设备机房。为了使得项目在尺度上更接近并谐调于周边环境，整个建筑格局在大体量上划分为八个部分，每个组成部分独具特色。

在概念上八个体量之间的部分便构成了空间，由商业连廊以及中心部位的中庭组成，使得建筑的中心由一个单独的体量演变成由小体量攒聚而成的北京高档商业中心。

王府井地区有着悠久的历史文化及建筑。作为该区其中一个新项目，王府中环致力于与其特殊浓厚的历史背景相融合。它的材料和颜色调板将搭配周围历史结构并与紫禁城相呼应。本项目采用三段式的造型设计，反映出中国传统建筑形式的三个不同层次，即基座、开间及屋顶。西侧的花园，将按规划要求保留并重建保护传统院落。建筑的总体体量由东向西朝向紫禁城递减，以表示对皇家建筑的尊重。

地段之西设置集中的绿化公园，与皇城遗址公园气韵相连。移建的传统院落成为公园的主角，与西段办公楼隔公园交相对望。该院落也是整个建筑共享空间的端点。

作为王府井大街的延伸，本项目采用一条贯穿东西地段的弧线型的室内步行街构成商业人流的动脉，其东端为步行街，其西端即为院落。弧线的形式就像紫禁城中的玉带河，是矩形构图中的活跃因素，并将人行流线由东向西引向历史中心。建筑形态继承了传统四合院建筑的形态。一系列的花园引用了传统四合院建筑语言。屋顶平面为小尺度的"H"和"口"形态构成，巧妙的将大体块建筑融入于城市肌理之中。西段H形态呈向城墙遗址公园开敞之势，东侧的院落为酒店四面围合，更像是抬高的四合院，成为空中庭院。这样院子依旧由两层建筑围合，不仅更贴近四合院原本的形态，而且又避免了庭院被包围在高楼中间的尴尬。

本项目为国际化多团队合作，采用国际通行的顾问制、建筑师负责制来组织设计，并在施工进行全过程控制。

北立面图

南立面图

区位图

浙江，金华

义乌之心
Yiwu Heart Lifestyle Center

Aedas / 设计单位、摄影

义乌之心位于义乌市商业中心绣湖广场商圈，这一城市综合体包括大型购物中心、景观广场、室内外步行街和地下停车库，涵盖商业零售、休闲娱乐、餐饮美食、生活服务、文化演艺、展示体验等多种业态。通过丰富建筑语言的运用和各类商业业态的组合，打造集目的性购物、文化休闲和餐饮娱乐等于一体的购物生活体验中心。

义乌之心超前定位为第四代商业综合体，超越传统售卖者，以生活方式提供者的角色，关注顾客精神需求，运用视觉、听觉、触觉、嗅觉与味觉实现手段，以情景化的场所空间和人性化的细节服务，为城市人营造极致的生活体验。

建筑的形式和功能呈现出义乌丰富的历史与文化。义乌河自古对于这一城市的商贸交易起到至关重要的作用。建筑形式取意汉字"川"，意为河流。面向北门街的石砖墙设计特意与旧城墙门相似，而具有微妙变化的石头开口立面，则象征着义乌从传统到现代的蓬勃发展。

除典型的内部循环动线外，设计将42级台阶的概念巧妙转变为外部24小时循环动线，加强室内与室外的连接，鼓励城市对话。

主持建筑师

刘程辉、纪达夫(Keith Griffiths)

竣工时间

2017年

建筑面积

146000平方米

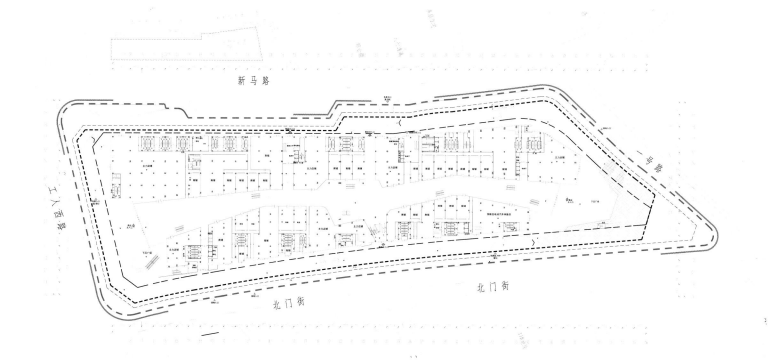

总平面图

主要设计人员

毛剑锋 宋巍 罗浩 戴梦 陈悦 秦陈
杨平 郭家训

竣工时间

2018年

建筑面积

572,000平方米

（示范区规模：2 000平方米）

中国，重庆

重庆旭辉千江凌云
Waves River

水石设计／设计单位　何炼／摄影

概念提取：山水重庆，千江凌云

取山之形水之韵，造栖山望水凌云城。

项目基地在重庆市巴南，基地一面背山一面临水，西临巴滨路沿线，场地的资源条件得天独厚。项目距离市区仅40分钟车程，这使整个居住社区缩小了和都市生活的距离。

山水之都，美丽重庆。重庆主城坐拥长江、嘉陵江，是水城；重庆山也多，还是山城。场地坐山拥水，如何将山与水融合，实现建筑、人文、山、水之间的交流互动，是此次设计的难点与亮点。设计取"被江水磨去棱角的岩石"为意向，于江边建一座"山"，于山间造一片"水"。

建筑推敲：山·水·亭

每一次，我们都在造一组建筑 ，体验一个世界。

场地高差近18米，在小进深、长界面的场地内部安排有趣多样的空间体验，对我们来说不仅仅是一个项目的设计，"一花一世界，一叶一菩提"，一个建筑就是一个世界。项目场地水域辽阔，自然的高差提供给了未来建筑良好的观景视野。我们将建筑体量化整为零，在场地中安放有趣的空间体验。通过巧妙的高差设计，利用建筑形体间的分台处理，江水与山体间的过渡变得模糊，多台的空间提升了观江的界面；同时将大方量土方开挖变得可控。提取山水间自然的曲线"边界"，对建筑形体进行拆分与重构建，取"江边山石"的意向形态，造就一个融于自然且超脱自然的建筑世界。

流线设计：山与水交互

行到水穷处，坐看云起时。——王维

设计不仅仅只做一组建筑，而是去建造一个世界。蜿蜒的山道让人犹如步行山中，结合连续曲面的

建筑边界，形成步移景异的既视感观。步行进入项目的过程，即是体验场地山水交互的过程。沿缓坡慢行，逐步接近建筑，在行走过程中，体验山水交互，感受另一个建筑世界。从入口进入建筑，耳畔传来瀑布流水声。寻声而去，在瀑布腾起的水雾中，建筑透出朦胧的轮廓，人在此时仿佛置身高山。正所谓，"行至水穷处，坐看云起时"。从样板房展示区落地窗看出去，可以看到远处青山、江面、桥架，超然脱世。流线终点是建筑最高点观景平台，在此处远眺，仿佛在山顶，微风吹过带来潮湿凉意，远处城市的喧嚣丝毫不影响"山顶"的安宁。

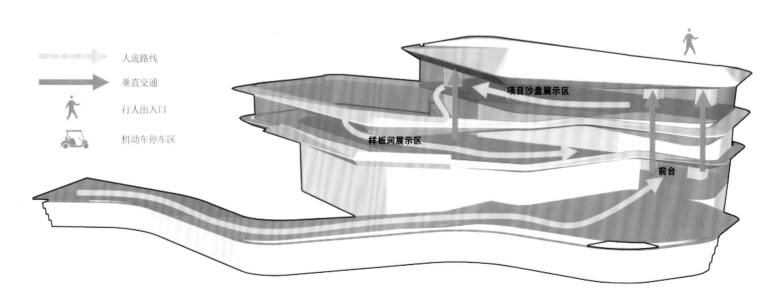

人流路线

垂直交通

行人出入口

机动车停车区

项目沙盘展示区

样板间展示区

前台

流线分析图

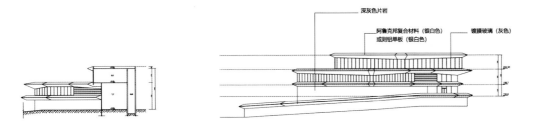

深灰色片岩

阿鲁克邦复合材料（银白色）
或则铝单板（银白色）

镀膜玻璃（灰色）

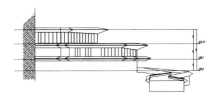

立面图

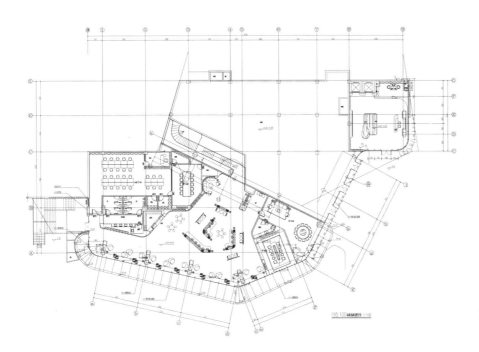

1 层平面图

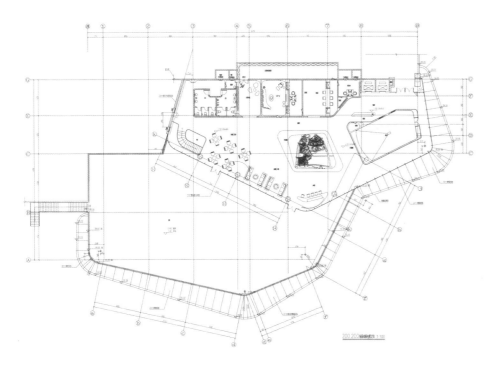

2 层平面图

主持建筑师

陈峻佳

竣工时间

2017年

建筑面积

1240平方米

安徽，合肥

皖投万科·天下艺境
销售中心

Wantou & Vanke Paradise Art Wonderland Sales Centre

峻佳设计 / 设计单位　廖贵衡 / 摄影

峻佳设计联手万科地产，进行了一场关于家园与社区的可持续营造实验，试图以颠覆式设计驱动传统地产营销模式的转变。本案围绕"Homeland童·梦"概念，回归居住的初心，结合万科地产作为城市配套服务商的战略，打造出儿童主题销售中心。峻佳设计希望人们第一次走进销售中心时，即能借助于丰富的场景设计开启未来家园的美好想象。项目的创新之处在于既能实现销售与人文的共生，又会随着时间迁移实现空间不同时期功能的转变和延续。从前期以销售为导向的销售中心，到后期作为教育配套的幼儿园，最终演变为公共性的美好社区中心，与城市共生长。

概念重构

回归为人设计的初心。设计的创造来自于对未有形态的尝试，和新生活概念的想象。当我们回顾人类家园的历史，会发现人对于居所最纯粹的精神需求——舒适快乐、生命的孕育、共同成长。当空间成为精神的容器，销售中心所承载的也不仅是简单的销售功能，更多的是关于家园的意义追寻与呈现。

传统的销售中心大多富丽堂皇，力图从视觉及质感上征服观众，与真实的家园概念渐行渐远。在峻佳看来，销售中心作为一个公共兼商业空间，在具备一定展示气质的同时，更重要的是它应该呈现给未来使用者一个真实的、连接周边环境和氛围的生活概念。

在建筑的躯壳之中，峻佳试图创造一种独特的家园场所体验，来呼应万科成为美好生活场景师的品牌愿景。峻佳设计另辟蹊径，将幼儿教育的理念融入到商业性质的销售行为之中，营造一种轻松舒适的体验，重回为人设计日常生活的初心。基于项目未来将作为社区幼儿园使用的现实，实现销售氛围与幼儿教育之间的平衡成为设计面临的最大挑战。峻佳围绕规划布局的六个空间——音体室、连廊、沙盘区、洽谈区、多功能互动区、儿童教室，展开一场渐进的设计叙事。整体上，主要设计人员注意室内室外环境的自然连接与融合，落地玻璃、半透明布帘等的应用，敞开式空间设计，最大程度将园区景观与自然光线引入室内，呈现明媚温暖的空间感受。当你看到家人在这里感到快乐，你也因此愿意安定停留。

童·梦
渐进式场景体验

峻佳以"童话"作为空间主题概念衍生，希望创造一个能激发人们想象力和好奇心的体验空间，既能让孩子喜欢，亦能平衡销售氛围。穿插在不同空间中的主题设计与公共活动，连接着周边的环境和氛围，也在某种程度上实现了小范围内社区的建造，强化来访者的情感共鸣。

儿时七巧板 每个人心灵的房间

放弃传统豪华的展厅大堂，峻佳让音体室成为整个展厅的入口。大面积的玻璃落地窗代替原有墙面，让自然光线进入，通过设计能激发来访者想象

力的情境，让每个来访者与空间产生更加紧密的关联。设计的巧妙在于，书架、展台、墙面、陈列饰物都以白色的视觉展现，在弱化空间界限性的同时，这种留白的处理也让来访者有另一番体验。峻佳认为，这其实是每个人心灵的房间，峻佳设计希望来访者凭借内心的回忆为空间添上颜色。也让人在不同区域体验后，感受色彩的对比。地台的设计创意即取材自儿时的玩具"七巧板"，它是空间富有设计感的装置，也是孩子的滑滑梯；云石呈现为不规则三角形；中间圆形人造石平台，加入互动装置投影，人站在上面可以与光影追逐，这种互动性体验，让来

访者更快被带入设计师所营造的氛围中。

白色彩虹 开放式梦幻连廊

　　由音体室到沙盘区，峻佳改变建筑原有的连廊空间，设计了一座"白色彩虹"。以白色弧形圆铁延伸整个通道，在与建筑外立面形成统一视觉形象的同时，也呼应了音体室的白色主调。这种开放式设计，有效将园区的自然光影与草地引入眼帘，实现室内到自然空间的完美过渡。阳光明媚时会形成光影交错的视觉效果。两边正门采用渐变白玻璃，增添童话氛围，如同动画里通往另一个世界的隧道。在功能上，

连廊也对整个销售中心的流线起到了暗示和引领。

手绘天花 让孩子做设计师

　　穿过连廊，进入沙盘区，这是整个园区的销售展示中心，于峻佳而言，最重要的是实现设计创意和销售氛围之间的平衡。每个孩子心中都留存着美好的梦想，由童话到童画，设计师让孩子参与了创作。由儿童手绘的图案演化成现有天花吊灯的原型，太阳、云朵、彩虹、音符，还有童年的纸飞机……是让人有联想又有趣的发现。为了呈现最佳效果，光是测试不同材质吊灯和效果，就花了主要设计人员

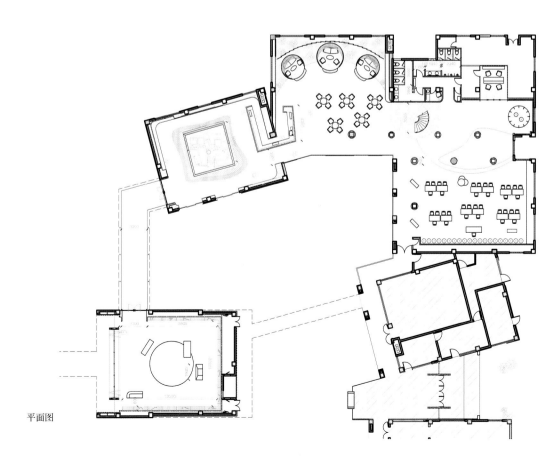

平面图

两个月的时间，最终以透明亚克力结合LED灯带，变成现有吊灯设计。这些生活中简单的图案元素以一种返朴归真的方式，呈现了对于未来家园的畅想。整个空间墙面以木饰面处理，作为视觉焦点——沙盘，我们一方面要通过独特的天花吊灯设计，引来访者关注，又不能让太过强烈的设计抢夺空间本身的功能需求。沙盘特意选用了深色木和草绿地毯，上浅下深的设定，既平衡了天花的图案，也契合整个空间的主题和功能。

风筝的羽翼 光影写意的空间

经过弧形大门，由沙盘区走入洽谈区，同样以大面积落地玻璃引入园区自然景观。空间背景中彩色半透明布帘设计，源于对童年一家人在野外放风筝的温馨联想。风筝透明的羽翼飘在空中，有各式花色。户外光照透过布帘照进来，是不同颜色的光。在这个空间中，以成人洽谈为主要功能，通过家私的选择与配色，处处呈现柔软舒适的细节，简洁的空间中不乏趣

味性，平衡了整个主题。

梦游仙境 自主性探索乐园

洽谈区之外，通过主题格调统一的概念围柱、楼梯，半隔出专属于孩子的多功能互动区。峻佳在空间中引入富有童话色彩的装置，形状奇特的树，树般大小的松鼠，再搭配互动性旋转楼梯，孩子可以在这里充满好奇地探索，与空间互动。这是属于孩子们的游戏区，双向的空间视野让处于交谈中的父母和玩耍中的孩子彼此拥有安心的感觉。防撞无尖角的设计更多地考虑了儿童在空间中的活动安全，让他们尽情玩耍的同时，家长也能够在旁安心休憩或洽谈。弧形也是空间设计的重要元素，包括门顶、把手及卫生间的镜，充满趣味和联想性，也延伸出整体空间温暖柔软的感觉。

城堡盒子 学乐游互动多维体验

儿童互动区与儿童教室是一个相互区隔又联合

的整体，既是源于"教"与"玩"本来就是一个有机结合的整体，又延伸放大了整个空间视觉感受。概念书架、桌椅、背景墙，像空间中的一个个装置，搭建出一个学习的城堡。造型可爱的桌椅与携带童年记忆的玩具整齐分布于空间中，又通过有效的空间布局，留出较大的活动空间，交际、学习、游乐结合在一起，这才是属于孩子体验成长的方式。迷人的色彩、自然光影和创意互动设计……都可以让人难忘与停留。本次项目设计，通过空间差异化的体验组织和创意表达，重新定义了一种生活体验和感知的方式。于富有童真与梦幻色彩的空间氛围中，亦平衡了原有的销售功能，让来访者在此感到快乐放松，成为居住者愿意停留的理想家园。

城市是提供所需的地方。附着于城市的空间，如同一个个复杂的生命系统。设计师要思考的是创造一个有意义的空间，使之与自然产生互动，人亦能于城市中诗意栖居，美好的记忆与情感也得以传承下去。

主持建筑师

周维

主要设计人员

张骏、王琦、杨姝瑜、许曦文

竣工时间

2018年2月

占地面积

188平方米

建筑面积

188平方米

中国，上海

陇上书店
Longshang Books Cafe

米凹建筑设计（上海）有限公司／设计单位　梁山／摄影

每一个元素都没有被改变，改变的只是它们的呈现方式。化工书店，位于上海的梅陇路上，走进这里看到的是典型的新华书店的样子。书架和书以一种最朴素简单的方式排列和摆放，书架上的书是满的，书架与书架之间便自然形成让人行走的走道。人流连其间，目力所及都是书，书的数量和人们在此阅读、购书的行为构成了这个空间。这个空间的形态和内容是与"书店"的名称最匹配的，是人们熟悉的，这一点被作为设计方法运用到了新书店——陇上书店的建造。在对"采用什么形式的书架"的问题进行考察后，直线形平行排列的书架作为能给人提供最多路线选择的形式被确定下来。和老的书店一样，书架的排布自然形成了包含人行为的通道，而在通道中活动的方向并不固定。这里，书店、咖啡馆、沙龙作为三个功能同时出现在同一空间，互相区分又交织在一起，因此，一种"拱形墙"被放置进来。较为宽敞的沙发区，和书架结构上，都采用了这一元素，尤其在体验后者时，人的行为——坐在"拱形墙"里看书，

在"拱形"背面的书架前浏览书籍——成为一种有趣的考量，人和人、人和环境，产生微弱的互动。找到支撑书架的结构是接下去需要做的。最后，当一切安排妥当，把书架与书架进行连接，便出现了"拱形"，拱形的顶和支撑书架的结构连成一片，是为一个整体。在陇上书店的建造过程中，当一个理想的书店模式已经具备：书架、"拱形墙"、支撑结构、拱，那么，把它放到梅陇路这个场地上以后，怎样让它与街道产生联系？作为上海西南地区的一条东西走向的街道，梅陇路贯穿了许多个老式的居民新村。在梅陇路上，陇上书店的东面是华东理工大学校园，西面是一片长660米的杉树带。

理想的书店模式被放置到这样一个场地上，为了让室外参与到室内，走在街道上的人们对这一场所有所理解，书店原本的立面被改变，重新设立的是入口的一扇门和同一立面上引入更多室外光线的一扇窗。这是在对"理想模式"被放置进来究竟需要多少

光线，进行谨慎而积极的考察后做出的决定。关注一下书店的三个"窗口"。一个是书店入口的那扇门，它是室内动线开始的地方；一个是同一立面上的窗，位于动线结束的地方，它引导了一个更低的光线进来；另外的一扇窗，能看到华理校园，窗外有一棵桂花树，这里连通的是新书店的咖啡操作区。

由一个室内去做一个室外。在陇上书店里，所有的书架采用钢板制作，同时，室外立面的幕墙结构采用了和书架一样的钢板，它使室内与室外有了对应点，当人们在街上走过，看到这一形式的立面，便能对室内产生一定的理解。二者有着显著的一致性。不锈钢板是这间书店使用的材料之一。出于对"最基本、人们熟悉的"材料的考虑，除了钢板之外，书店里还大量使用了木头。材料是熟悉的，构造是陌生的，空间的尺寸就模糊了。在这个188平方米的空间里，容纳了2万册书、24个咖啡位，能做到这个结果就是因为对所有的构造都进行了改变。

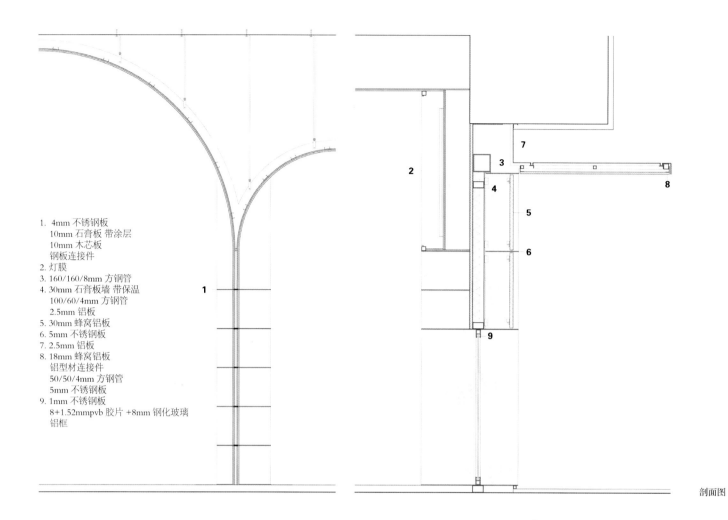

1. 4mm 不锈钢板
   10mm 石膏板 带涂层
   10mm 木芯板
   钢板连接件
2. 灯膜
3. 160/160/8mm 方钢管
4. 30mm 石膏板墙 带保温
   100/60/4mm 方钢管
   2.5mm 铝板
5. 30mm 蜂窝铝板
6. 5mm 不锈钢板
7. 2.5mm 铝板
8. 18mm 蜂窝铝板
   铝型材连接件
   50/50/4mm 方钢管
   5mm 不锈钢板
9. 1mm 不锈钢板
   8+1.52mmpvb 胶片 +8mm 钢化玻璃
   铝框

剖面图

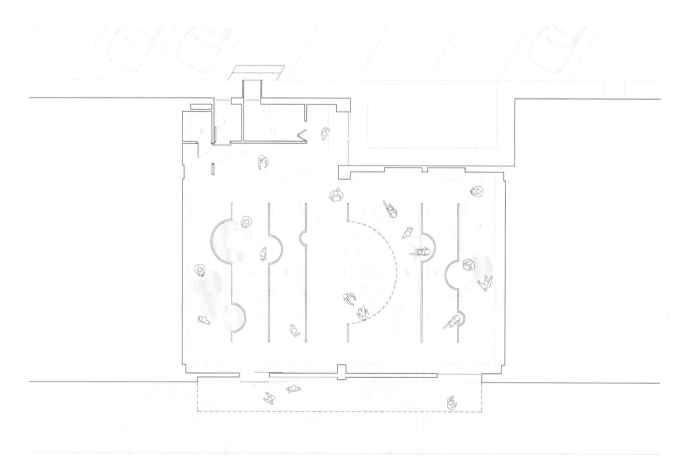

平面图

主持建筑师

郭建祥、夏崴、向上

主要设计人员

郭建祥、夏崴、向上、纪晨、谢曦、
虞晗、任建民、潘胜龙、张光伟、
张今彦、郜爽等（建筑专业）

周健 张耀康 王瑞峰（结构专业）

陆燕 马伟骏 吴玲红（暖通专业）

徐杨 许栋 孙良才（给排水专业）

邵民杰 王伟宏 印骏（电气专业）

王宜玮（动力专业）

占地面积

1073000平方米

建筑面积

520000平方米

主要结构形式

钢筋混凝土+钢结构

工程造价

人民币54亿元

港珠澳大桥人工岛

港珠澳大桥珠海口岸

Hongkong-Zhuhai-Macau Bridge Zhuhai Port

华建集团华东建筑设计研究总院 / 设计单位　　邵峰 / 摄影

背景及建设意义

港珠澳大桥工程是在"一国两制"条件下粤港澳三地首次合作共建的超大型基础设施项目。这座跨越伶仃洋天堑的超级工程已经酝酿近20年，寄托着实现香港、澳门、珠海三地连接的百年梦想。

随着香港和澳门的陆续回归，中国进入新的发展时期。为繁荣经济，促进大珠江三角洲区域的协同发展，香港、澳门与内地有关方面提出修建连接香港、珠海与澳门跨海大桥的建议。港珠澳大桥直接连接香港、澳门与广东省的珠海市，建成后将成为珠海、珠江三角洲西岸地区及粤西地区通往香港的最便捷的陆路通道，不但可以加快珠江三角洲西岸地区、粤西地区的经济发展，而且为香港、澳门充裕的资金提供了更加广阔的腹地，对加快"粤港澳大湾区"经济一体化进程，提升大珠江三角洲的国际综合竞争力具有极为重要的意义。

港珠澳大桥东接香港特别行政区，西接广东省珠海市和澳门特别行政区，包括海中桥隧工程、港珠澳三地口岸、港珠澳三地连接线等三项主要内容，全长49.968千米，建成后将是世界上最长的跨海大桥。港珠澳大桥人工岛珠海口岸和澳门口岸作为其首要配套工程和重要组成部分，是大桥实现三地通关、全线贯通的前提和保障！

2013年11月28日，港珠澳大桥珠澳口岸人工岛填海工程正式完工。借此，由华建集团华东建筑设计研究总院总承包设计的中国第一个建筑在填海人工岛之上的并置双口岸在珠海美丽的拱北湾悄然诞生。

主要功能

一岛双口岸

人工岛按其功能分主要为南北两部分。北部为珠海公路口岸，用地面积1073000平方米，总建筑

面积约520000平方米；南部为澳门公路口岸，用地面积716100平方米，总建筑面积约620000平方米，属于澳门管辖范围。在一个人工填筑的海岛之上建设两地管辖权限的并置双口岸，在国内尚属首创。其中珠海口岸为华东总院原创设计，澳门口岸于2014年底介入作为该项目的技术总协调方，原创设计了境内车库、境外车库及市政工程，并且协调深化并优化了旅检大楼和配套设施等单体工程。

一地三通关

无论是珠海口岸还是澳门口岸都不是传统的两地通关口岸，而是更为复杂的珠、港、澳三地通关口岸。珠海口岸满足远期2035年珠海与香港每天通关旅客15万人次、通关客车约1.8万辆及通关货车约1.7万辆的出入境需求；同时满足珠海与澳门每天通关旅客10万人次、通关客车约3千辆的出入境需求。澳门口岸除了满足与珠海对等的通关量外，同时满足澳门与香港每天通关旅客约8万人

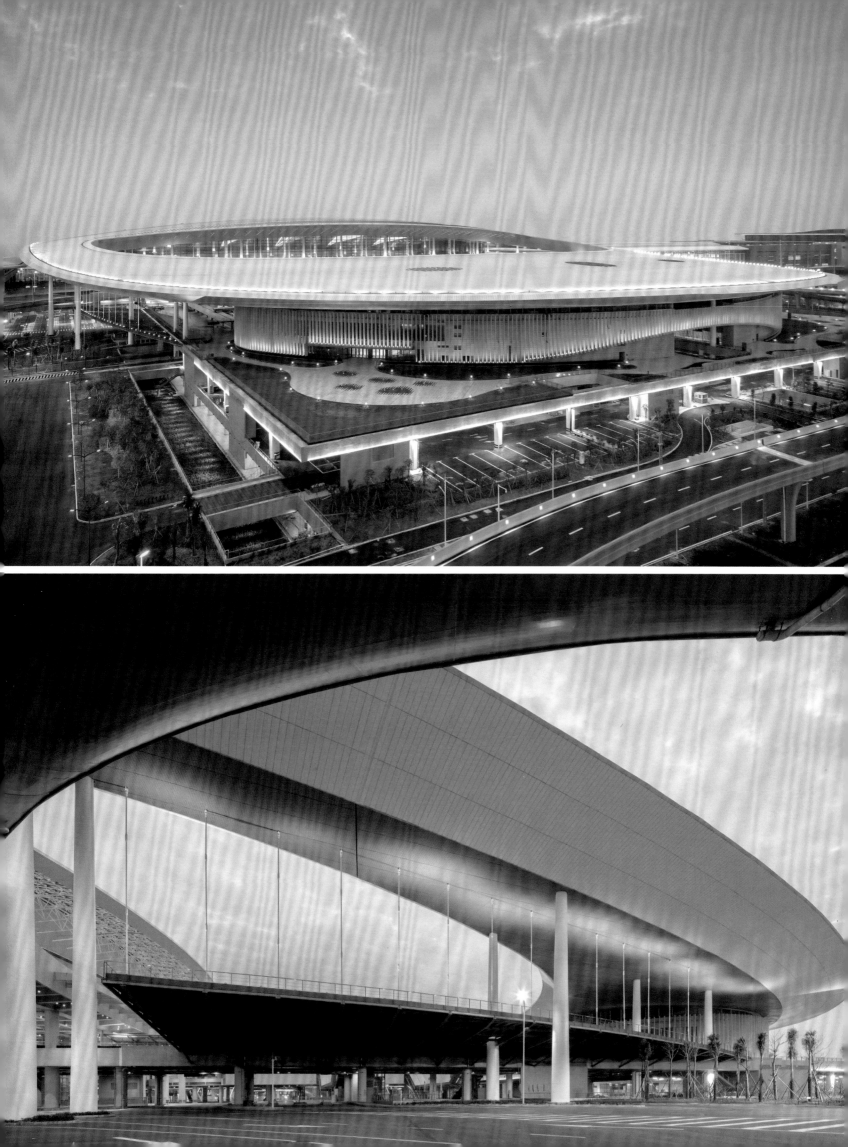

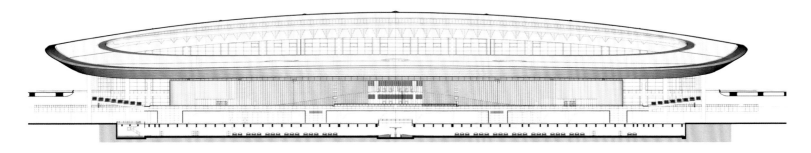

立面图

次、通关客车约1.0万辆及通关货车约0.1万辆的出入境需求。这种"一地三通关"模式在国内亦属首创，在国际上亦属创新之举。

设计理念

"枢纽化"的设计理念：针对口岸这一特殊的城市交通设施，设计方提出了"用枢纽化设计方法创新设计三地通关口岸"的设计理念。"珠联璧合如意牵手"的设计灵感：港珠澳大桥珠海口岸的国门形象，业主即要求有创新性，又要求大方得体。我们采取了"三点一线"的规划格局，体现人工岛口岸"一地三通，如意牵手"的美好寓意，人工岛核心建筑群打造为一个简洁优雅的整体，并赋以圆润的体量，回避尖角和方向感，体现华人世界的处世哲学。

技术要素

由于口岸位于海上人工岛，珠海地处台风频发地区，所以"防洪、防涝、防台风"是首要解决的问题。建筑、结构与给排水工种紧密配合，采取一系列三防技术：

从严确定重现期标准；

围绕核心区重点建筑群，建立人工岛整体排洪防涝体系；

对核心建筑的首层标高进行重新复核，并在经济合理基础上做抬高处理；

对地下室出入口，敞开地下天井等关键区域增大排水截水能力设计；

从结构、构造、材料等三方面从严提高大跨度金属屋面的防风揭标准。

设计难点及解决方式

口岸是一类特殊的城市交通设施，而珠海口岸及澳门口岸因其位于人工填岛之上的特殊位置，客观上形成了极为苛刻的用地条件及交通条件——即"孤岛效应"，同时，珠海多雨多台风的极端气候条件，对人工岛的口岸建设造成不小的困扰。与普通的陆路口岸相比，三地通关口岸带来的旅客流资源为打造综合交通枢纽型口岸创造了契机；同时，三地通关口岸也带来通关查验模式的创新。所以华东总院的设计历程是排除设计难点凸显设计亮点的历程，是打破传统机制，体现智慧创新的历程。

立体布局 枢纽集散：由于人工岛用地有限，要满足复杂的功能需求和以人为本的设计理念，我们采取了综合交通枢纽的设计手法。总体布局采取"一核 一线 双分置 大循环"的总体布局。

同时区别与传统口岸"摊大饼"式的总体布局模式，珠海口岸与澳门口岸都采取了"出境入境立体层叠，交通中心立体换乘，口岸道路立体集散"的"以立体换空间"策略。土地资源被充分挖掘，旅客步行距离被有效控制，出入境人流也得到有效组织。由于土地资源的高效集约，人工岛得以留出宝贵的用地用于综合开发，为后期开发口岸商贸

特色产业打下基础。

逐级分离 公交优先：首先，规划重点解决人工岛与岛外的交通衔接问题：实现客货分流以及客车的多次分流，避免交通紊乱；其次，采用"单向大循环"的交通策略，将口岸核心区内主要车行道路整合为单向行驶，最大程度避免交叉；再次，精心设计人车分流系统；最后，到、发分层的立体交通体系使出、入境旅客有序分流，并将最大量的出境旅客直接送至旅检楼前，大大缩短了旅客步行距离。

此外，整个交通系统设计秉承"公交优先，轨交优先，双轨预留"的设计理念，满足旅客持续上升的交通需求。

体验至上 智慧通关：通过高效便捷的流程设计，简洁明确的导向设计，舒适宜人的空间提升旅客通关体验。积极创新通过模式，"货车及客车的

一站式联检通关模式""珠海、澳门的旅客背靠背一次查验通关模式"——这些创新查验模式在人工岛口岸设计上的运用，使其成为国内最先进的通关口岸；同时，智能化交通管理系统、智能化口岸综合管理及应急平台的建立使人工岛成为国内最智慧的通关口岸。

环保节能 生态口岸：充分利用珠海的气候条件采用自然通风、自然采光、建筑遮阳、绿化微环境等手段，将绿色节能技术的运用与建筑环境浑然天成。人工岛珠海口岸获得绿色三星设计标识。

水乳交融的换乘流线与商业空间，泾渭分明的旅客流线与车辆流程，独一无二的空间感受与外观效果，流连忘返的室外景观和旅行体验，共同将人工岛口岸设计为具有城市温度的场所。

城市温度 综合开发：华东总院对口岸开发层

级、布局与业态进行系统的规划，设置了四个层级的商业，并与口岸的通关流程紧密结合，成为真正意义的枢纽性综合口岸。

第一层级为旅检流程上的免税中心。在珠港旅检楼出入境的境外侧，结合通关流程及大桥观赏区设置服务旅客的出、入境免税中心。第二层级为与交通中心结合的活力商业。在珠海侧交通换乘中心，设置旅游集散中心及餐饮购物中心；在通往规划中轨交站点及综合开发区流程上设置精品购物中心，服务高端旅客。第三层级为与核心区衔接的配套服务区。在口岸核心区西侧设置与核心区步行衔接的配套服务区，包括酒店以及办公会务中心。第四层级为依托口岸的综合开发区。在珠海口岸北侧，通过交通连廊衔接，设置以高端办公、会展、酒店等业态为主的综合开发区。

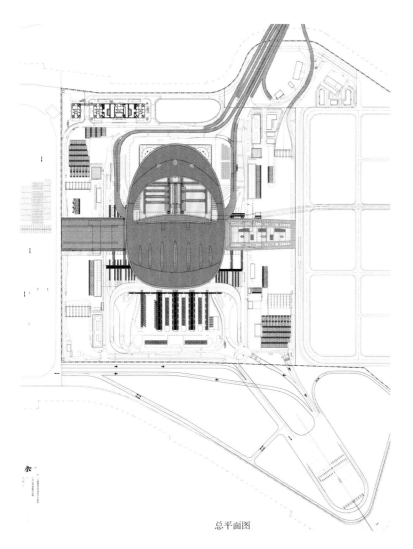

总平面图

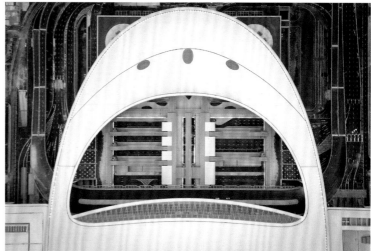

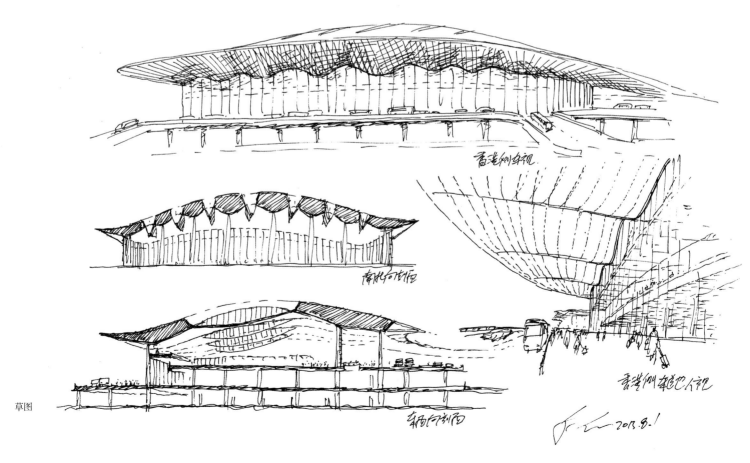

草图

香港侧车视

南北向剖面

东西向剖面

香港侧轮廓速记

2013.8.1

主持建筑师
唐文胜
竣工时间
2017年
占地面积
83773.46平方米
建筑面积
46471平方米
主要结构形式
折板钢拱+混凝土框架结构
工程造价
人民币31578万元
景观设计
中南建筑设计院股份有限公司
荣誉
第18届亚洲建筑协会奖公共设施
特殊建筑类荣誉提名奖
2018湖北省优秀工程设计一等奖

内蒙古，呼和浩特

呼和浩特汽车客运东枢纽站

Hohhot East Coach Hub Terminal, Inner Mongolia

中南建筑设计院股份有限公司 / 设计单位　章勇/章鱼建筑摄影工作室 / 摄影

地理位置及周围环境

呼和浩特是内蒙古自治区的首府，也是政治、经济和文化中心，是西北通往华北、东北，连接京津唐的咽喉要道，交通位置非常重要。内蒙古地域辽阔人烟稀少，高速铁路网络不发达，主要长途客运依靠公路运输，因此长途汽车枢纽的建设非常重要。然而之前呼和浩特的公路运输枢纽是一个薄弱环节，严重制约了社会经济的快速发展。为满足跨省公路长途快速客运的发展需求，呼和浩特市委市政府决定建设呼和浩特汽车客运东枢纽站。该枢纽站是国家一级公路运输枢纽中心客运站，是公路、铁路、航空、城市公交等多方式联运的枢纽中的重要节点。

项目位于呼和浩特市东北部，南临呼和浩特铁路东站，东侧与建设中的呼和浩特铁路客运东站北广场及地下城市交通换乘枢纽相连接（上述项目均由中南建筑设计院股份有限公司负责设计，整体规划），西侧为南北向的车站西街，北侧为车站北街、

海拉尔东街，可直接通往市区，并连接京藏高速公路、国道110线、机场高速公路，交通十分便利。

以站城融合为理念的总体规划设计

规划设计中注重长途客运站与周边重要建筑间的城市空间关系，与呼和浩特火车东站及规划中的城市广场形成围合之势，并且本项目的地下空间与呼和浩特铁路客运东站地下空间、南北广场及地下城市交通换乘枢纽相连接，共同构成跨越铁路且不受地面机动车交通干扰的地下慢行商业系统，重新缝合被铁路及机动车交通割裂的城市空间。这对于夏季阳光辐射强烈冬季严寒且多风沙的呼和浩特非常重要，它给市民提供了一个夏季遮风避雨，冬季温暖如春的城市慢行空间，增强了此区域的城市活力。呼和浩特汽车客运东枢纽站工程由综合站务楼及广场区、车站辅助功能区、车站生产服务区（生产服务大楼）三大部分组成。汽车站站前广场被营造成环境优雅的城市休憩及人

流集散场所，在充分满足交通人流组织的基础上，创造了丰富宜人的外部空间。广场上设有方便人流集散的硬质地面和休闲绿地，相应配套电话亭、指示牌、休息设施、景观设施和部分小型服务设施，能供旅客室外休闲、候车之用。

以高效便捷为目标的功能分区和交通组织

呼和浩特汽车客运东枢纽站工程由综合站房及广场区、车站辅助功能区、综合服务大楼（乘务员公寓及连锁酒店）三大部分组成。包括了汽车维修、加油站、洗车设施、乘务员公寓及连锁酒店、停车场地及到发车场地（其中地上长途汽车停车位108个、长途汽车发车位35个；地下长途汽车到达车位9个、社会车停车位120个）。在用地北侧的车站北街和西侧的车站西街上各开设一个机动车出入口，场区内环绕长途汽车发车场和停车场设置了机动车环路，通往地下车库和长途汽车地下到达车位的坡道与这个环路相连。合理组织交通流线，集约交通用地，满

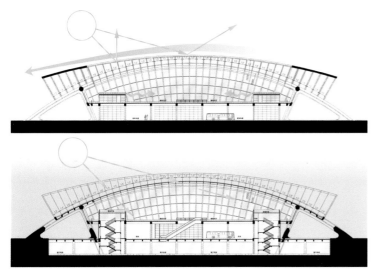

冬季，关闭天窗和侧窗，使太阳辐射进入，形成温室效应。

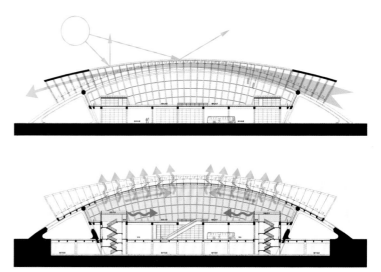

夏季，根据风压和热压效应，打开天窗和侧窗，保证自然通风。

热能分析

足呼和浩特综合交通枢纽长途客运站的交通集散要求，人车分流，各种不同车流避免冲突，采用高架式站房，立体的分类组织交通，实现有序交通。

以地域文化为隐喻的现代交通枢纽

体现现代交通建筑作为城市门户的标志性特点，根植于本土的、民族的文化特征，关注民族建筑文化的可持续性发展。呼和浩特汽车客运枢纽站建筑形态来源于蒙古草原的展翅雄鹰，充满张力的流线型屋面体现现代交通建筑的时代感，寓意呼和浩特交通事业的腾飞，作为城市门户建筑富有标志性，也与区域内的铁路站房风格协调。将展翅雄鹰的建筑形态转化为符合现代建造技术逻辑的建筑语言。折板与单元拱组合钢结构屋盖与形式完美结合，主拱与"H"型钢肋的关系模仿了蒙古草原上的鹰的脊椎和肋骨及翅膀的受力特性，又与游牧民族的帐幕结构有某种形式的关联。

以结构逻辑为先导的大跨空间形式生成

在社会分工极细的现代工业社会，建筑学与结构工程学往往分离为两个不同的专业，建筑师往往不掌握结构力学，而结构工程师又往往在社会、环境和美学方面有所欠缺。而在这个设计中我们希望打破当今常规的专业分工之间的藩篱，重新思考形式、结构与建筑的功能之间的关系。建筑主体结构体系——折板与单元拱组合钢结构屋盖与建筑形态完美结合，与游牧民族的帐幕结构有某种形式的关联，单元结构体系也是从蒙古包这种最小的结构单元转化而来，这种重复的单元体有利于提高施工效率，降低建造成本，也是学习了游牧民族帐幕蒙古包快速建构的方式。折板拱形屋顶坡度较陡，适应了严寒地区屋顶排除积雪的要求。

以地域气候特征为主旨的生态设计策略

建筑师充分考虑了内蒙古地域文化和气候特征，肋骨式穹顶受到游牧民族帐幕结构的启发，单元结构体系也是从蒙古包这种最小的结构单元转化而来，这种重复的单元体有利于提高施工效率，减少材料损耗，降低建造成本，也是学习了游牧民族帐幕蒙古包快速建构的方式。折板拱形屋顶坡度较陡，适应了严寒地区屋顶排除积雪的要求。带状天窗营造出流光溢彩的内部空间并形成良好的自然采光及通风效果，延缓过渡季节启用空调设施的时间。南北向悬挑并高起的风兜形态，可以捕捉自然风，出挑的檐口可以遮挡当地夏天强烈辐射的阳光。创造性地采用GRC异型双曲永久性模板，模板内喷涂聚氨酯发泡材料保温与隔热，巧妙解决了墙体清水混凝土质感与外保温的矛盾，解决了严寒地区清水混凝土外围护结构的外保温难题。

采用清水混凝土拱座支撑钢管拱与工字钢密肋组合成的130米跨度的折板与单元式拱组合结构，在

外力作用下，拱内的弯矩可以降到最小限度，主要内力变为轴向压力，且应力分布均匀，能充分利用材料的强度，比同样跨度的梁结构断面小，故拱能跨越较大的空间。建筑形式与结构体系高度统一，实现了建筑结构一体化设计，多维曲面的清水混凝土拱座质感是粗糙的、厚重的，符合草原民族粗犷雄壮的个性，为实现此质感采用参数化设计制造的GRC永久性模板（不拆模）浇筑混凝土，GRC模板水泥材质的表面自然形成清水混凝土效果。

以GRC异型双曲永久性模板为空间单元的建构

　　GRC模板是以水泥作为胶结料，结合玻璃纤维制成模板。工艺简洁、成本低廉、可塑性强，几乎可以任意塑造成各种复杂的双曲面形态。制造模板的材料是水泥制品材料，使用对象也是水泥制品材料。它们同属一个材料品种，物理性能指标和物理变化都是完全相同的。所以模板和混凝土结构之间的亲和性较好，固态结合稳定。使用GRC模板，简化了现场的施工工艺，因为制造模板的工程已全部在工厂完成，模板运到施工现场，由专业人员进行组合装配。当混凝土结构达到设计强度后仅需拆除支撑和夹具，模板不需要拆除。节省了拆除模板的人工费用。模板内喷涂聚氨酯发泡材料保温与隔热，巧妙解决了墙体清水混凝土质感与外保温的矛盾。模板表面十分光洁，不需要对建筑结构的表面进行二次装饰。这样就省去了建筑结构表面装饰的人工费和材料费。

主要设计人员

黄骅、夏文、萨洛·费尔南德斯、
丹妮拉·冈萨雷斯·巴迪洛、
比利·沃恩、刘敏杰、高剑峰、
高卫国、倪坚友、顾佳妮、
詹恩·埃伯哈特、史提夫·惠特福德、
詹姆斯·布莱利

竣工时间

2018年

建筑面积

20000平方米

景观设计

程琪、陈小萌、董利苹、雷涛、师政婷

江苏，南京

南京高淳苏皖交通枢纽中心一期

Nanjing Gaochun Transport Interchange Hub - Stage One

BAU建筑与城市设计事务所 / 设计单位　舒赫 / 摄影

高淳镇即将由轻轨和高速公路联通南京，缩短50分钟的行程将会促进商业的发展和人口的增长。新建火车站位于该镇规划中的北部增长区内的新商业中心，它将与新的城际巴士站及本地巴士枢纽相结合。预计到迷人的湖区和慢城区域游客数量增长，枢纽中包含了一个旅游会展中心。

分离流

该建筑坐落在高淳的四种城市交通系统的众多交叉口之一：火车、公共汽车、私家车、步行网络之上下。它不只是毗邻这些系统，不是火车侧线。并且它不只是坐落在路线终点——它不是终点站。它既是四种不同系统的连接和隔离，又是一个将物体和事件分开的精细的时空结，从而避免了火车、公共汽车、汽车和行人之间的碰撞。

两片海洋

地下停车场为行人提供进出车辆的通道。一楼供步行和进出巴士、私家车和出租车的紧张共存。在这一层也有行人在二楼的火车站台之间来回，除了火车本身外，所有的东西都存在于这个高度紧张的楼层。二楼是行人步入列车月台及列车抵达离开的地方。

为了满足抑制地面层复杂的动线需求，BAU接受它们，将本案理解为两片海洋：一片沥青（供公共汽车和汽车）的海洋；和一片石面路（供行人）的海洋。两片海域都是连续的，两个海域都有建筑、停车场和植被作为点缀其中的岛屿。这两个明确地表现了地面循环系统不仅清晰而安全，从本案或附近的建筑看来在视觉上也非常强大。

基础设施和动力学

本案探索基础设施和动线的影像和诗意。公共汽车站是一个宜居的、稳定的（但非静止的）基础设施——一座横跨沥青海的桥梁。

相较之下，火车站是大型的视幻艺术作品。这座建筑横跨铁路线，跨越在石板路海和沥青海的两边。各种功能元素都沿着铁路线延伸开来。这些个小元素的组合被一个单一的大规模雕塑包裹着，一系列不同长度的动态叶片，速度会使它产生一个动态的帷幕。这些叶片被切割后用来留出入口和出口，也将保护建筑物室内免受来自东、西晒太阳的热量。

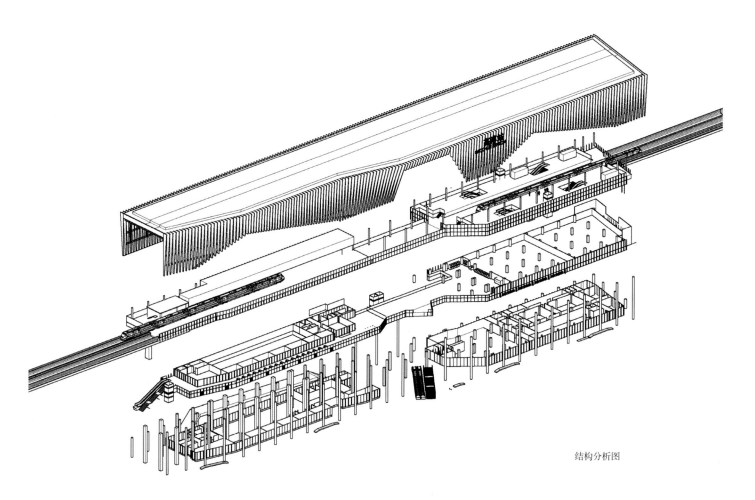

结构分析图

湖南，岳阳

岳阳机场航站楼
Yueyang Airport Terminal

华南理工大学建筑设计研究院陶郅工作室、
民航新时代机场设计研究院有限公司（施工图设计）／设计单位
周珂／摄影

远浦归帆

航站楼创新性地采用PTFE拉膜结构体系创造出具有独一无二的现代航空港造型，钢结构梭柱与白色拉膜的组合将岳阳的传统景点——潇湘八景之一——"远浦归帆"的意境以现代的方式重新演绎，体现浓郁的现代气息的同时又延续了传统地域文化。

航站楼折型拉膜屋顶向前延伸形成建筑入口灰空间，灰空间上方——每组折型拉膜屋顶之间用马鞍弧形的拉膜空间覆盖，于航站楼主立面形成波浪起伏的造型。出港旅客乘公共汽车或小汽车来到宽敞的入口灰空间，一侧为波浪屋檐下水平延伸的站前广场，另一侧为透过V形钢柱和透明玻璃幕墙所见的更为宏伟的航站楼室内大厅，顿时豁然开朗。

室内空间同样充满戏剧化，设计将折型拉膜完全真实的展现出来，形成跌宕起伏的天花界面，每组拉膜之间为梭形的玻璃天窗，为大厅洒满自然光，空间在流动，光影在变化。生机盎然的内部空间，带给旅客美好的乘机体验。膜材的透光特性也大幅降低人工照明的消耗，回应绿色、环保的理念。单元模块的构型具有弹性扩展的特质，符合未来航站楼扩建的要求，实现岳阳机场的可持续性发展。

主要设计人员

陶郅、郭钦恩、谌珂、涂悦、陈子坚、
练文誉、艾扬、陶立克、夏叶、
唐骁珊、史萌、陈健生、黄承杰、
李岳、倪尉超、龚程超、王佶

竣工时间

2018年12月

占地面积

15000 平方米

建筑面积

8000 平方米

主要结构形式

索膜结构

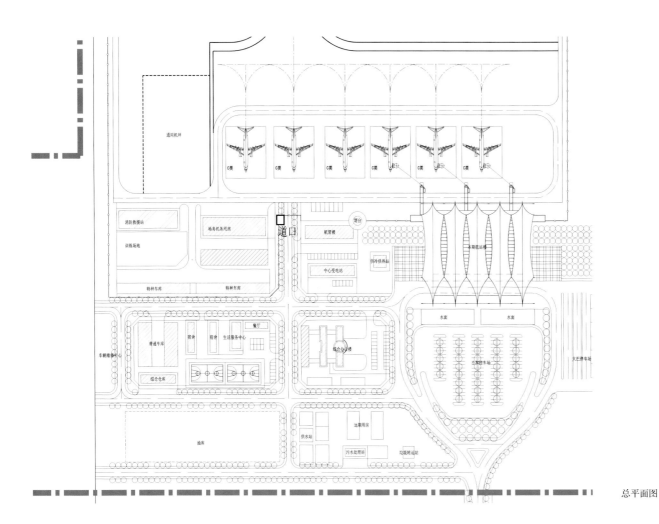

总平面图

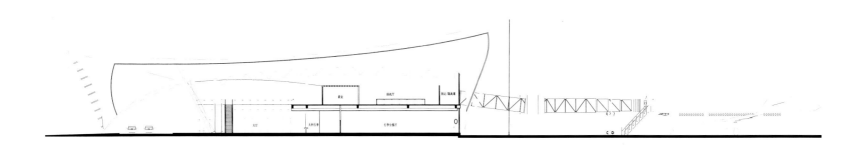

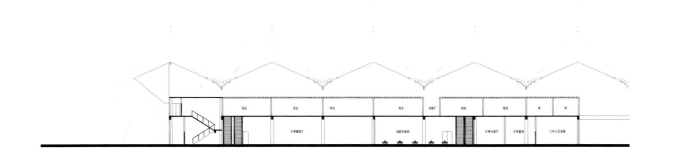

(2F)

(1F)

剖面图

主持建筑师
潘冀、苏重威
主要设计人员
刘家麟、陈松如、姜智匀、张志明、
梁向宇、蔡恒升、汤富智、吴姿桦、
卢瑞恒、林正侃、丁嘉伟、陈建宇、
吴柏德、郭玮克、黄诗芳、戴慧如、
梁建元、李三民
竣工时间
2017年3月
建筑面积
6404平方米（A2三重站）、
12367平方米（A3新北产业园区站）

中国，台湾

桃园国际机场捷运车站A2三重站、A3新北产业园区站

Taoyuan Airport MRT Stations A2 Sanchong, A3 New Taipei Industrial Park

潘冀联合建筑师事务所、群策工程顾问股份有限公司、台湾世曦工程顾问股份有限公司（结构）、台湾世曦工程顾问股份有限公司（机电）／设计单位
谢伟士、周兆志／摄影

全线规划构想

在全线一贯整体架构下，从"时空驿动-飞驰而过的捷运列车，卷起车站飞扬的银翼，如同穿越磁场的电流"设计概念出发，以流畅之弧线造型传递飞行意象，也强调都市生活的脉动。车站造型规划以三个主要设计定义，界定全线各站空间涵构。

1.空间——引导：穿透的站体表皮及第五向的立面，展现动态的结构，引领前往旅程，呼应机场母体。

2.构造——光影：丰富光影效果，呈现时间变化，反映旅人步调。

3.动线——情境：隐喻穿越时空的驿站，不仅是人来人往的月台，也是上演人生的舞台

站体建筑配置

"台北之门"——A2站，为台北市通往机场的第一座高架车站，亦是建立其他各站的设计原型。以轻巧的筒状编织结构，透过些微转向的结构框架，营造起飞的动态意象，屋面虚实间指向飞行方位。除了缝合城市街道水岸，连结自然环境与都会生活，建立亲水休憩平台，也同时重新定义台北都会区的门户。半透空手扶梯连廊除了定义旅行的方向，也让车站下方人车与高架车站上的旅人自然产生视觉互动，体现由旅行与人流共构的捷运特质；而艺术家陶亚伦则以输送带上的行李箱意象幻化月台

端点机房，结合月台、轨道，传递旅行意象。A3站位居机场捷运线上快慢车转乘与台北环状线之交会枢纽，大型站体同时具备整合交通建设以及建立环境景观识别功能。造型上延续A2站的设计语汇，以飞行器的双翼为主题；针对复杂的产业园区都市环境，以单纯、具引导性的轻量化站体，降低对都市空间压迫感，并透过钢结构美学，连结地区机械工业发展的成长轨迹。穿堂层以三度几何立体桁架搭配星点顶灯，与站内印度艺术家苏尼尔·高帝"伽利略与他朋友们留给我的月亮"装置作品相映成趣；防烟垂墙利用镜面反射效果，延续大厅视觉通透感；站内空间预留宽广腹地，作为日后装置艺术场地及展演活动之用，提供乘客在短暂匆忙的行进间，调整步伐、转换心境的搭乘经验。

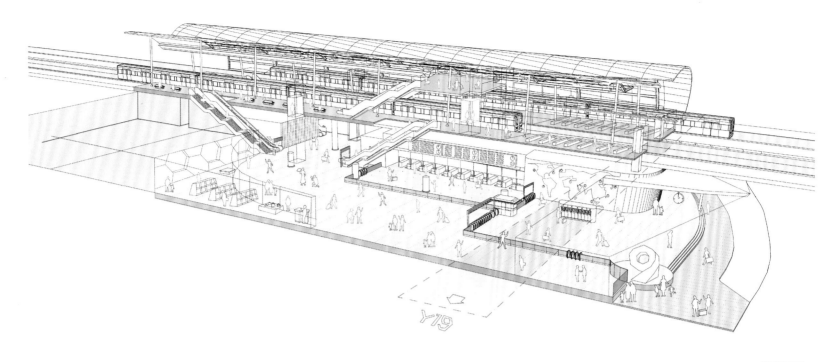

剖面透视图

河北，保定

骆驼湾桥改造
Camel Bay Bridge Renovation

合木建筑工作室（Atelier Heimat）/ 设计单位　王振琦、孙为洪、张东光 / 摄影

此项目位于河北省阜平县骆驼湾村，为一个美化工程的改造项目，要在原有桥上加建一个"盖子"。原桥本来承担着连接村庄主体及梯田山体的职责，新开辟的柏油路使其与村庄的关系既亲密又疏离；新桥将成为一个镶嵌在山脚的"小屋"，与村庄对视。穿过它，即步入自然；坐于其中，四周风景皆被剪辑收纳。

新加木结构生根在原桥的外侧，显露的构造连接就像植物的根须，新加部分如从原有结构中生长出来一般；木结构的其他部位则尽量隐藏构造。既加强了新与旧的联系，同时也赋予了空间自身的特质。

设计更专注于结构与空间的关系。木结构部分，斜撑对于单榀框架的侧向稳定起到了很大的作用；屋面板条联系各个榀架，对桥体长向的水平稳定起到一定作用；这两种抵抗侧推力的构件都在最外围，碳化处理的黑色使其成为空间外围护。

黑色的运用有技术的考虑，但更多是空间感知上的。它带来了空间内部与外部明确的界定，强化了内部空间的包裹感；同时是对结构的分解和弱化，使其看着更建筑一些。

主持建筑师
张东光、马迪
竣工时间
2017年
建筑面积
40平方米

区位图

局部轴测

轴测分解

驿道廊桥改造
Post Corridor Bridge Renovation

合木建筑工作室（Atelier Heimat）/ 设计单位　霍莹、张东光 / 摄影

　　项目位于河北省阜平县八里庄村，改造对象为村内一座连接东西两岸的桥。原桥建于2013年，总长度为50米左右，宽度为4米。现状桥面为混凝土铺设、金属圆管栏杆；本意是考虑车辆通行，但因为桥两端民房密集、道路狭窄致使无法通车。

　　设计采用简易的轻型木质结构，以临时性来应对村庄发展过程中对桥使用的不确定性。本次改造的意图是将其转化为村民的公共活动空间，丰富通行的观景感受。本设计运用同一种断面的成品木料进行穿插、连接、组合，形成独立的结构体及空间围合。同一种操作方式一以贯之，改造桥面和栏杆。

　　同一种木构件组合成不同的剖面空间，不同的剖面空间再进行组合，把桥划分为步移景异的不同段落，并将桥从车辆的通行尺度转变为人的行为尺度。

　　统一的构件尺度、简化的构造方式，使得施工简单易行，整个桥主要由三名木工完成。

主持建筑师
张东光、张意姝、刘文娟
竣工时间
2017年
建筑面积
193平方米

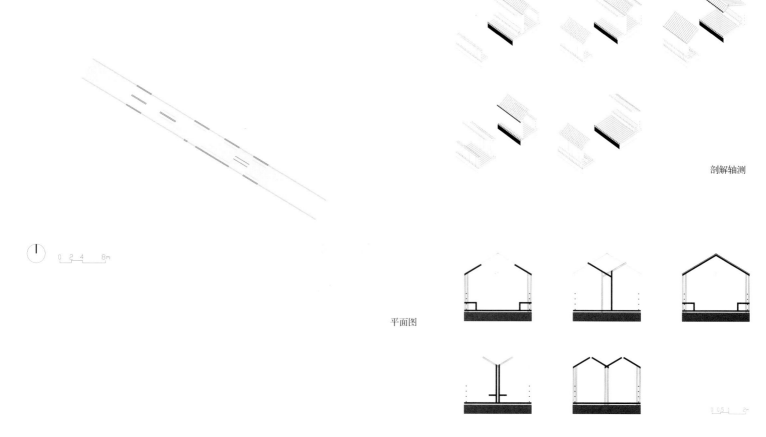

剖解轴测

平面图

5 种剖面空间

山东，济南

山东东阿阿胶产业园区
Dong-E E-Jiao Industry Campus

5+设计（5+design）／设计单位、摄影

主要设计人员

亚瑟·贝内特

竣工时间

2017年

占地面积

633756.67平方米

建筑面积

277167.93平方米

山东东阿阿胶产业园区是专为中国制药公司山东东阿阿胶设计的新厂区，位于中国山东。东阿阿胶生产的一系列保健产品源自有数千年历史的传统中药。产业园区有两种功能，既包含了最先进的生产设施，也可以作为展厅，邀请消费者参观产品的制作过程，了解公司的历史，并认识其中最重要的原料——阿胶。

5+设计从一个总体规划开始，解决园区的布局问题，后来设计了五个工厂和游客中心等所有后续的用途。阿胶产业园区的建筑融合了传统和现代材料，创造了一种贯穿始终的建筑语言，体现了公司的产品和理念。游客中心的玻璃、混凝土和六角形连接的金属面板墙面，赋予建筑失重的外观，并在形式上复制了公司的六角形品牌标识。建筑的六角形墙体上三个镂空图案打造出奇幻的视觉效果，并通过游客步行或开车路过时的光线闪烁来发挥景深的作用。夜晚降临时，墙壁的背光照明会启动，以便在日

落之后继续展现设计的效果。当游客驾车经过一片银杏树林进入园区时，以经过精心安排的顺序，沿着湖泊周围出现的玻璃、混凝土和石头建筑会给来访者带来一种沉浸式的体验。停车场的一个大倒影池指向一个低矮的、有镂空设计的入口，入口通向一个明亮的空旷广场。参观以游客中心为起点，分别经过剧院、圆形剧场和商店，并通过一系列玻璃桥穿过五个独立的工厂大楼。在每个工厂内部，精心策划的步行路线会带领游客通过一个广阔的步行走廊，其特点是依次设置的落地玻璃窗，将生产楼层的景象尽收眼底。景观树木限定了花园的界限，而包括产品生产中使用到的多种植物共同打造出一个世外桃源。现代的单片塔桥显示每个工厂的名称和标识，而内部空间则主要借鉴了该公司品牌包装的主题。整个项目展示出一个复杂的项目如何将生产空间与公共领域结合起来，并有效处理空间规模的缩减——从广阔的景观，到公共空间的集合，再到与游客的个人体验的设计。

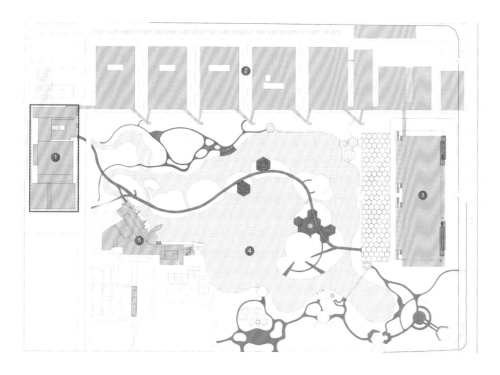

总平面图

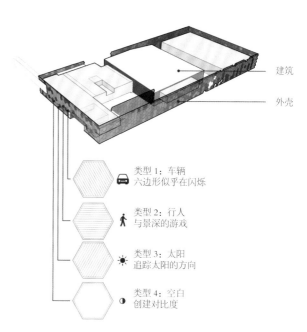

建筑

外壳

类型 1: 车辆
六边形似乎在闪烁

类型 2: 行人
与景深的游戏

类型 3: 太阳
追踪太阳的方向

类型 4: 空白
创建对比度

外部结构造型分析

浙江，杭州

英飞特LED驱动器生产基地一期组团

Inventronics LED Driver Production Base Phrase I

GLA六和设计／设计单位　姚力／摄影

二元的场地和显隐的策略

英飞特桐庐LED驱动器生产基地坐落于黄公望《富春山居图》所描绘的富春山水之间，用地贴临320国道线性展开，距离桐庐主城区约4千米。场地原为城郊的村落和农田，但近年来随着城市化进程，场地内外呈现出迥异的面貌——红线外的兴建中整齐划一的工业园区和场地内未经开发的略显质朴和原始的鱼塘、茶山等农耕文明面貌形成鲜明的反差。

已建成投产的项目一期组团，轮廓相对方正，周边道路环绕，场地平整；北侧建设中的二期用地内则散步着池塘、溪流和茶山，环境优美，山水相间。二元的场地条件迫使大尺度的工业生产逻辑和有机的自然环境在此碰撞，激活了显现与消隐这一组对立统一关系的设计方案。

一方面，项目生产工艺流水线需要满足每条30~40

米的宽度，以及150米长度的要求，这也决定了基本生产单元的巨大尺度。结合用地特征和物流货运等功能逻辑，为了尽可能保留二期用地内的自然风貌，设计将更多的生产功能整体平衡到了一期组团以及二期用地贴临外部城市道路的区域，从而在整体上构成了面向320国道与城市支路的超尺度建筑边界——显现的界面。另一方面，作为抵抗工业对自然侵蚀的核心策略，约40000平方米的配套生活区则采用消隐退台的地景化处理方式，贴邻北侧用地边界，环绕保留的茶山和鱼塘而布置。建筑与自然山体顺势衔接，有机融合。人类生活的适度介入和自然的延续留存在此碰撞，若隐若现的建筑和生活工作于此间的人们将有可能在此共同构成一副新型产业聚落的有趣图景。

巨幅的界面和流动的内院

一期用地作为项目整体布局的开端，拥有着占总长1/3的约330米的沿国道界面，用地内规划全

主要设计人员

朱培栋、宋萍、傅冬生、余丹阳、
陈智航、李建军、黄国华、丰建华、
盛建平、周剑

竣工时间

2017年

建筑面积

73888平方米

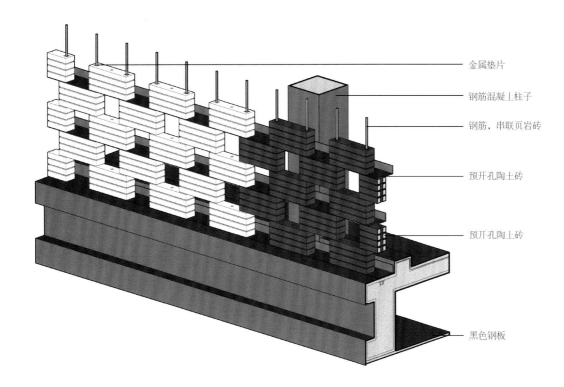

金属垫片

钢筋混凝土柱子

钢筋，串联页岩砖

预开孔陶土砖

预开孔陶土砖

黑色钢板

陶砖的连接构造

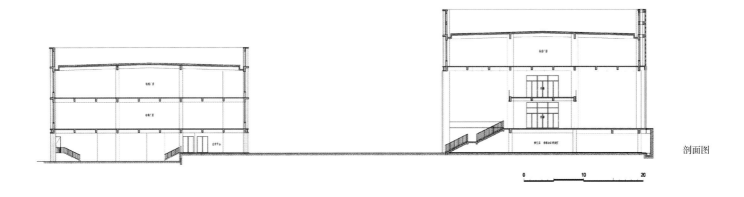

剖面图

部布置生产单元。设计通过将生产单元整体性围合形成回字形空间，对外屏蔽了国道的噪声干扰，对内则形成稳定静谧的园区内环境。面向川流不息的320国道，4层的生产单元体量连续布置，构成了一个20米高，330米长的超尺度边界，向来往的车流和人流显示着现代工业的力量感和存在感。为保持厂区内部生产流水线的高效性，设计将服务型功能从生产流水线上剥离开来集中布置，并向内院外凸形成鼓包。在提升生产效率的同时，也进一步丰富了园区内庭院的视觉层次。外凸的辅助空间被处理成多个曲线单元，构成了流动的内院界面，会议、管理等配套功能则以外凸玻璃盒子的形式穿插其间，削弱了带有极强逻辑性的立面标准单元所带来的单调感。

材料的特质和建构的工艺

面向320国道的连续城市界面提供了建筑师以巨大的画布，设计提炼了黄公望《富春山居图》的绘画意象，尝试在这一超尺度界面上进行巨幅的抽象山水画卷演绎。设计采用了物理性能良好的手工陶土砖作为项目的基底材料，四皮砖的相叠成组并错位交织，形成了超尺度的红色"画布"。在砖孔之中则综合运用旋转、填充等不同砌筑效果所形成的光影变化来映射中国传统绘画中的点提、勾勒、铺垫、皴染等绘画技法。特制的陶土砖采取经二次加工方可拆解成建造所需的基本单元。拆解砖块时所产生的随机断面效果和原有砖块的光面效果混合搭配，营造出粗糙度不同的墙面和不同的墙面阴影明暗度，进一步丰富了视觉的层次。逻辑清晰而多样化的砖造技法与建构工艺，在建筑的南向主立面上抽象地还原了《富春山居图》中的"山体"意向，构建出细腻生动的跨界艺术表现形式。

散点透视的多层叠加

传统的中国画是一种基于散点透视的艺术创作，其呈现出的扁平感与人类的真实视觉深度形成了反差。建筑师尝试结合场地特质，通过深度空间内的多层视觉元素叠加，来还原这种非日常的扁平视觉艺术效果。设计以场地的远山背景为自然远景，以建筑的立面砖筑肌理为画面中景，以建筑与320国道之间的30米宽绿化隔离带为前景，并通过堆坡、植树、组栽等场地和景观处理方式，重构一处人们可步行进入感知体验的近景。

"可游"的近景、"可观"的中景、"远眺"的背景，在不同的视角下组合成不同的视觉体验场景，并提供往来的行人和车辆以强烈的非日常视觉体验。

与此同时，整个项目的另一种表情——二期工程面向自然的消隐界面，仍在保护场地生态的指导思想下小心翼翼地推进。对于正不断强调产业升级和新型工业重要性的今天而言，这一与自然环境有机融合的二期产业聚落或许具备着更大的现实意义。

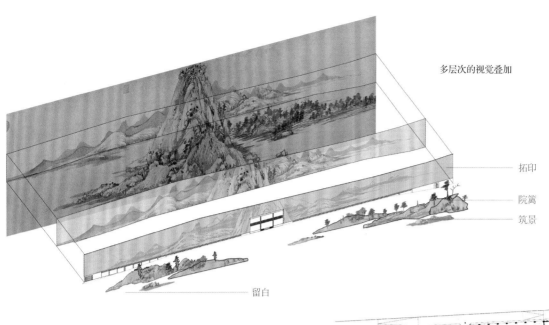

多层次的视觉叠加

拓印

院篱

筑景

留白

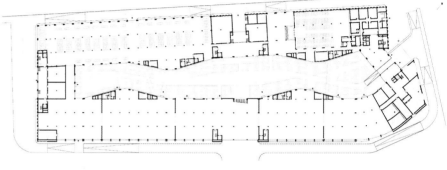

一层平面图

江苏，苏州

苏州华能燃机热电厂
Suzhou Huaneng Gas Turbine Thermal Power Plant

苏州九城都市建筑设计有限公司／设计单位　姚力／摄影

工程概况

苏州华能燃机热电厂位于中国苏州高新区横塘街道，北靠横山，南临胥江，位于苏福公路与火炬路交汇处，紧邻苏州市区。地块为工业用地，用地面积66129.5m。

总体规划目的

将华能集团企业为中国特色社会主义服务的"红色"公司，注重科技、保护环境的"绿色"公司，坚持与时俱进、学习创新、面向世界的"蓝色"公司的理念融入总体规划。

解决厂区环境同区域环境的关系问题，解决胥江、横山间视觉走廊关系，厂区工作与教育参观的和谐。从厂区内部考虑，处理好各工艺构成区的空间关系，各片之间各建筑之间的关系，处理好主要道路广场、停车场地、参观流线之间的关系。研究各建筑物、构筑物的空间尺度，对有代表性建筑、构筑物的位置形式提出要求。从生态出发，按静态和动态两方面的视觉要求对电厂景观做出进一步的设计。全盘充分考虑如何将单纯的工业建筑转换为文化机构，达到"后工业化"的目的。

建筑设计思路

1. 从"后工业化"到"后工业文化"的富有人文色彩的设计追求。

2. 从工业建筑的形式美化到工业建筑的功能及社会责任的诠释。

3. 从工业建筑工业第一的外观特性到工业建筑的地域空间特性。

4. 从对机械美学的装饰设计到对机械美学的展示设计。

主要设计人员

张应鹏、王凡、钱弘毅

竣工时间

2017年8月

占地面积

66129.5平方米

建筑面积

24534平方米

主要结构形式

框架结构、框架－剪力墙结构

工程造价

人民币18.85亿元

景观设计

苏州九城都市建筑设计有限公司

荣誉

2018年度苏州市城乡建设系统优秀勘察设计（建筑设计）一等奖

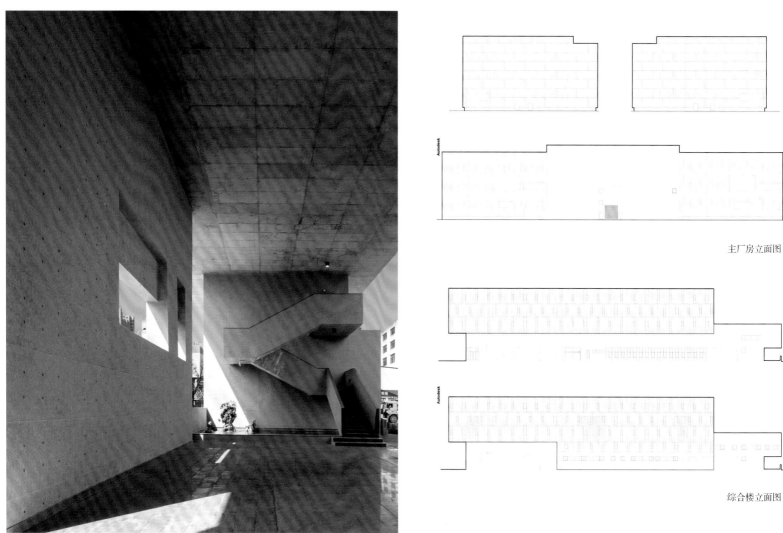

主厂房立面图

综合楼立面图

主要设计人员

王冠中、蔡漪雯、周吉
（华东建筑设计研究总院医卫所）

竣工时间

2018年

占地面积

61502平方米

建筑面积

307606 平方米

江苏，南京

南京市南部新城医疗中心
Nanjing Southern New Town Medical Center

华东建筑设计研究总院／设计单位　邵峰／摄影

总体情况

项目基地东邻响水河，南到明匙路，西至大明路，北达东风河地块，占地面积约67800平方米，建设总规模1500张床位的综合医疗机构，占地面积61502平方米，总建筑面积307606平方米，地上建筑面积192306平方米，地下建筑面积115300平方米。建设门诊楼、急诊楼、医技楼、住院楼A、住院楼B、后勤综合楼及行政科研综合楼，地下空间统一开发，建设二层地下室。由大明路、东风河、大校场机场围合而成的三角地，主要困难在于超大的建设规模、复杂的功能流线如何在不规整的小面积基地上实现。项目的成败关键就在于解决好这对矛盾以及由此带来的设计问题。

主要设计理念

在不规则的基地上形成更好的体量关系，更舒适的就医条件、更优美的场地环境以及更加开放和谐的城市空间。

（1）功能组织

以基地特点及医院需求为核心，合理分配各功能区域。结合有限土地，发展竖向立体化的区域分布。以医院功能主轴串联各功能单元，门诊、急诊、医技、住院、后勤供应、行政办公，形成强有力的功能结构与体系。实现医院规划的完整性。建筑群南侧高层为住院楼，享受良好的景观及日照；西侧裙房为急诊楼，设急诊急救留观等功能；群房中部为医技楼，裙房东侧为门诊楼；建筑群主轴中部为后勤综合楼，设置食堂、供应等共享功能。

（2）道路系统

院区的道路系统分别为：地面道路，下沉道路，过街地道。

地面道路：沿院区北侧、西侧及南侧设置，为院区主要车行交通道路。主要的外来人、车流利用院前广场和主要道路进行分配组织。院区中央环行地面道路，主要供车辆环行及短暂停留。

下沉道路：院区东侧设置下沉广场，和地面道路构成交通环路。院区中央设置环行下沉道路，直达各个建筑出口及停车区，方便日常使用。

过街地道：在南侧地块开发时，建设车行过街地下通道，沟通永乐路南北两侧的地下交通。

（3）建筑形象

本建筑群功能复杂，体块众多，设计通过横向与竖向体量的穿插与组合、刚直与柔曲的交错，协调三个形体的关系，以避免体量的相互冲突，同时控制建筑的天际线和层次感。医院住院楼和科研行政综合楼采用方形体量和圆形体量相衔接，以简洁明确的体量占据建筑群的主体地位，展现医院的主体形象。门诊楼采用成组的体量组合，区分出内部不同的使用功能，打破建筑的厚重感，提高

建筑群的开敞性，便于视线穿通。由于体量较多，立面设计语言被简化，立面在统一的尺度分割下进行设计。住院楼采用方形构建突出形体的质感和医院性格，门诊楼采用更通透的设计弱化体量，突出住院楼的主体形象。

（4）景观设计

沿河景观绿化：沿响水河景观带设置，自由形态布局，多样植物群落搭配，和周边自然环境相融合。

中心广场绿化：院区中心广场将绿化面积尽量集中，创造大面积供全院共享的中心绿化。以规整韵律化布局为主，为病人提供多层次、舒适、安静的休憩场所，调节建筑尺度，丰富景观层次，起到了调节、平衡、衔接等作用。

庭院绿化：在建筑内部设有多个景观内院，并形成可呼吸庭院，改善建筑的通风、采光条件。不

同的庭院通过景观布置，形成不同的主题，这些主题在统一中有变化。

屋顶绿化：在建筑群房屋面设屋顶绿化，与院区绿化形成多层次的景观系统。

设计要点

（1）不规则基地和建筑功能相结合的解决策略

基地条件：呈北偏西35度倒梯形，东邻响水河以及由机场跑道改造而成的新城核心景观带，西与秦淮老城一街之隔。如果靠大明路安排住院楼，导致城市道路压抑感和日照影响不说，单就增加的交通流量就会形成城市交通的正常通行。而靠响水河南北向阵列高楼则势必破坏了建筑布局的整体性，也浪费了这么好的城市景观。我们的解决方案是：合二为一，将功能近相关的护理单元组合在一起，形成1000床中医院特色外科病房楼，这样可以提高垂直交通和医疗护理的运营效率。同时在满足

退界条件，留出足够的院前广场的前提下，将板楼的中点为折点，东西两侧各向北翻折35度，病房楼南立面分别平行于永乐路和响水河，呈飞机状。这样的建筑布局就将最好的景观和最好朝向留给了高层住院部的病人。

另一个护理单元放置在基地最北端，形成500床的内科住院楼，这样也避免了建筑群之间的自遮挡，同时也界定出了一个半开放空间。西面敞开给了大明路，舒缓了城市空间，新建高层不给城市道路增加压力也保证了原有住宅居民的日照条件。响水河景观透过东面的开口渗透进大庭院中。南北分别被两栋病房楼和科研行政综合楼高层建筑围合。接下来是如何整合这个半围合空间。我们尝试了很多种不同方案。如果不做建筑化处理各个楼之间没有联系，功能上不能紧密联系，视觉上缺乏整体性；方形围合棱角又太多，对周边现状影响较大且和场地契合度不高。经过几轮方案推敲，最后

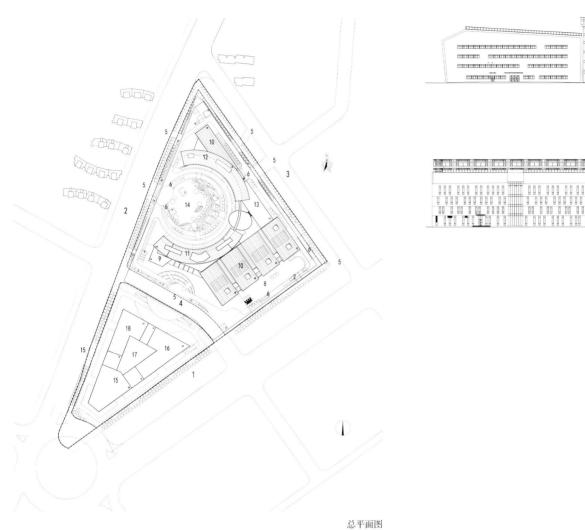

总平面图

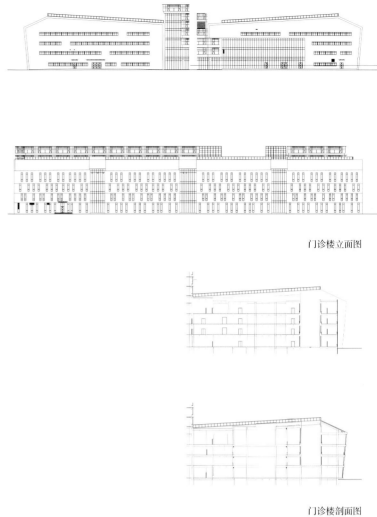

门诊楼立面图

门诊楼剖面图

选定了用直径136米的园形空间来整合这个围合场所。医院作为民生工程设计时在满足自身发展要求的同时，更应考虑到新城的建设不应该以损失老城居民利益为代价，为老城街道空间打开一个半开放公共空间，为城市生存空间透一口气，更是为新老城市区域发展打开一扇交流融合的窗户。同时门诊楼通过阶梯状裙房将景观最大化的贡献给医院，其他裙房布置顺应城市发展脉络，和城市形成和谐共生的依存关系。同时在建筑内部使用效率上，外科住院楼利用北面医疗用房围合圆形形态，内部水平交通均为直线走道；内科病房楼在满足护理距离30米的前提下，减小曲率，保证了主要医疗房间的均好性；外科住院楼与科研教学楼之间运用上吊式结构架设弧形空中连廊，在垂直方向增强联系。在幕墙设计中以1.2米模数将大圆弧进行分段处理，保证技术的可实施性。

（2）内部功能合理性的解决策略

医院是各个学科综合的产物，设计时更应小处着手。设计中建立功能模块化体系结构。各模块相对独立，自成体系，易于管理，集成紧凑医疗体系。建立稳定功能区域，避免穿越和干扰。以共享医技作为主轴，将功能模块有机联系。在医技设计中注重与对应科室的联系，缩短患者往返路线，各功能患者共享大型医技，节能环保。全院共享户外大绿化，空间环境营造出亲切温馨的氛围。适应医疗技术发展，采用统一柱网框架结构，灵活布置，为各个科室的二次发展预留空间。护理单元床位数量灵活可调，避免在走廊加床的尴尬局面。形成科学合理的医院建设框架。项目中还集中运用了场地雨水渗透调蓄系统、复合景观节水系统、高效围护结构、太阳能热水系统等节能技术。屋顶绿化面积达到8600平方米；冷热源、输配和照明系统等各部分能耗进行独立分项计量。

门诊楼1层平面图

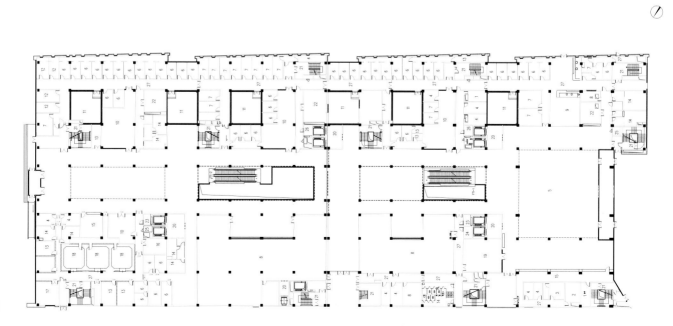

主持建筑师
周恺
主要设计人员
张大力、张一、刘伟、董文广、
陈太洲、邵海、张志新、姚文斌、
滕云龙、吴岳、王金鹏、谢威、
黄建、姬宁
占地面积
15446.86 平方米
总建筑面积
318410.38平方米
（地上部分210089.88平方米，
地下部分108320.50平方米）
主要结构形式
框架剪力墙
荣誉
2017年天津市海河杯优秀工程勘察设计
建筑工程共建类一等奖

中国，北京

中国人民解放军总医院门急诊综合楼一期工程

Outpatient and Emergency Complex Building of Chinese PLA
General Hospital, Phase I

天津华汇工程建筑设计有限公司／设计单位、摄影

中国人民解放军总医院门急诊综合楼一期工程位于北京市复兴路南侧、西四环中路东侧的中国人民解放军总医院内。总体布局上进行分期建设，本工程建设前需要拆除周边多栋建筑，并改造康馨大厦连成一体。一期完工后，将原门诊楼中的设备和人员搬入建成的新门急诊综合楼一期。按计划今后将拆除原门诊楼，开始建设门急诊综合楼二期，完成总体建设。建筑东西总长约315米，其中一期工程东西长约223米，南北最宽处约118米。院内地势平坦，西侧高于东侧，自然地面标高约在59.51～58.83米之间。建筑面积318410.38平方米，地上15层，地下6层，建筑高度74.45米。主要功能为门诊、医技、办公、各类配套用房及车库、核六级人防物资库等，日均门诊量为1.7万人次、人流量5万人次。本工程建筑规模大、功能多、交通复杂，仅电梯、扶梯就多达109部。地下地上与周边院内建筑及北侧五棵松地下停车场连通共享，二期将与地铁直接相连。本工程服务于军民，平战结合，融汇高端

科技，创建人性环境。用现代简洁明快亮丽流线型的建筑表皮，塑造出西长安街地标性建筑，创造良好的就医和工作环境。

设计理念

设计首次提出"医疗港"的概念。项目集成多种功能，拥有一流软硬件设施，汇聚高端人才和尖端科技的大规模、立体化、现代化医疗综合体。设计重点主要从以下几个方面打造世界一流的现代化医疗建筑：优化空间构组、打造立体交通、提升诊区品质、体现姓军为兵、突出急诊特色、搭建实验平台、注重平战结合、倡导绿色生态、融汇高端科技、创建人性环境。

设计难点

1. 规模超大：设计门诊量：2 万患者／日，5万人流量／日。

2. 功能复杂：门诊、急诊、急救、战备医院、中心手术、实验科研平台、机关办公、医疗库房、餐饮及保障用房、地下停车。

3. 旧有建筑分布凌乱，可建设用地紧张。将原有规模小，分布零散的建筑全部拆除，以获得相对完整的建设用地。

4. 流线复杂：新建门急诊综合楼，对外与城市干路连接，满足各种人流、车流内外物流的顺畅。同时，地下与对面五棵松地下车库连通，与五棵松地铁站连通，与现有内外科大楼的地下人流车流的连通。

5. 医疗构成上打破了传统大内大外模式，形成以"疾病为中心"多中心联合布局。

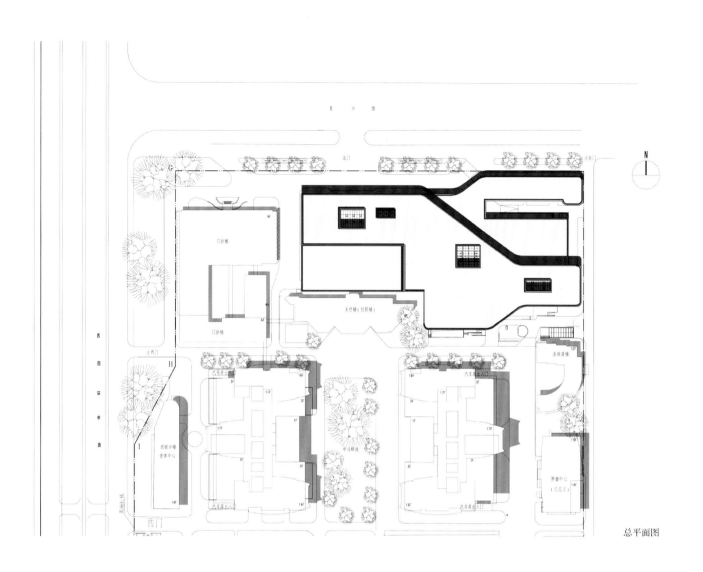

总平面图

剖面图

主要设计人员

荀巍、张海燕、许飞
（华东建筑设计研究总院医卫所）

竣工时间

2017年

占地面积

102033平方米

建筑面积

191503.5平方米

江苏，溧阳

溧阳市人民医院规划及建筑设计工程

Planning and Architectural Design of Liyang People's Hospital

华东建筑设计研究总院／设计单位　胡义杰／摄影

项目背景

为推进溧阳市医疗卫生资源有效整合，促进社会经济可持续发展，根据溧阳市城市总体发展规划要求、溧阳市卫生资源整合实施意见，实施溧阳市人民医院迁建项目。

项目基地位于溧阳市团结路西侧五号地块，平桥路以东、团结路以西、建设路以北、规划道路以南。用地总面积为102033平方米。总建筑面积约191503.5平方米，地上建筑面积150603.5平方米，地下建筑面积40900平方米，床位数1200张。

设计思路

1.设计指导思想及项目内容分析

设计指导思想：高效与适应性，形式追随功能。密切结合自然环境，建立绿色、生态、庭院式的医院环境。

项目内容分析：功能的模块化，流程的体系化，运营高效化，服务人性化。

2.总体布局、平面设计、交通组织、功能流线、平面和竖向流程设计、环境设计等

本方案将地块分别配置为2大功能区，同时建立起与之对应的规划逻辑：综合医疗区——全院功能的核心：包括门诊、急诊、医技、病房、综合办公、能源供应以及地下停车库。感染医学区——位于地块西北侧，依据疾病控制的要求，按照出入相对便捷，限制和约束对医院和周边环境影响的准则配置。

本方案在医疗区布置以环形的公共服务资源为核心，编织"四横二纵"网格状医疗流程体系，围绕环形庭院，设置垂直交通、分层挂号、助残、咨询、厕所、等候等公共服务资源，辐射门急诊各功能单元，南北纵向"医疗街"串接门诊、急诊、医技、病房主要功能模块；东西横向医疗街，串接门诊、医

技、病房、后勤保障等功能内部流程，"四横二纵"的网格状的功能流程体系形成高效的流程体系。

集中布置绿地，使之产生有效的资源效应，改善优化医院整体环境。本方案提供的绿化规划是本次设计的主体，是与建筑、道路组成一体的生态化环境序列中的一个重要组成部分，全院的绿化规划分为不同的组织形式和形态。

3.建筑造型与立面处理

溧阳市人民医院的建筑造型，以新颖原创为出发点和回归点，摒弃过度装饰，追求简洁明了的现代化主义建筑风格。本方案设计风格定位于国际先进的现代主义建筑的前端，通过墙面、玻璃颜色的深浅变化，体现韵律、质感、节奏，持续、理性与浪漫的结合。

总平面图

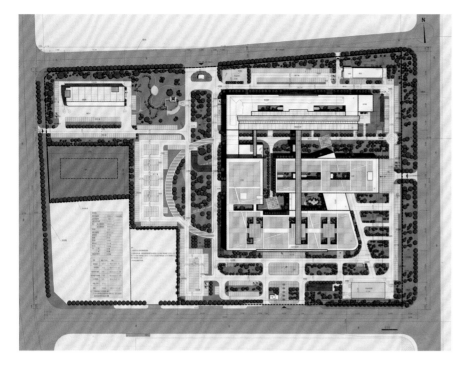

总平面图

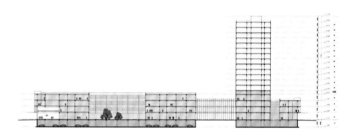

南立面图

北立面图

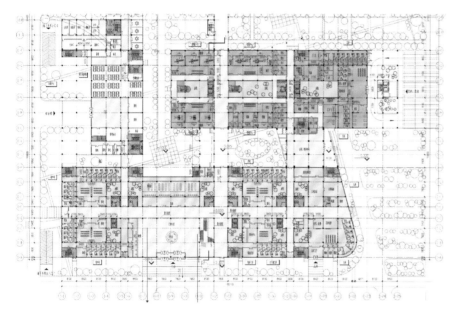

门急诊楼1层平面图

建筑剖面

设计要点

（1）流程的体系化——现代化医院设计核心技术

本工程在医疗区布置以环形的公共服务资源为核心，编织"四横二纵"网格状医疗流程体系，围绕环形庭院，设置垂直交通、分层挂号、助残、咨询、厕所、等候等公共服务资源，辐射门急诊各功能单元，南北纵向"医疗街"串接一期门诊、急诊、医技、病房主要功能模块；东西横向医疗街，串接门诊、医技、病房、后勤保障等功能内部流程，"四横二纵"的网格状的功能流程体系形成高效的流程体系，确定了新溧阳市人民医院的流程体系的独特风格和品质特征。在建立起强大的"生命健康系统工程"的同时，践行了"精于医术，诚于医德"的思想。这是本方案的核心。

（2）手术室调整的问题

在施工过程中，住院楼四层裙房结构封顶后，业主提出要求将四层的手术室调整。导致原有净化机房面积不足。经与手术室专业公司协商，决定在四层屋面增加钢结构的机房层。考虑到既要满足手术室净化设备的要求，又要与原设计立面相协调，采用与裙房相同的柱距，外围护采用铝合金百叶，与裙房外窗的分隔一致，以达到美观效果。

（3）第五立面的设计

本方案突出的亮点在于建筑的第五立面——屋面

屋面的表达：格状的几何形式表达了创新的理念和艺术构思。

屋面的铺装：安装太阳能电池板或太阳能装置，既为艺术也为功用。技术与艺术达成默契，理性中融入了感性的色彩。

屋面的视觉：太阳能、绿化以及部分屋面防水遮阳的构造，均采用当地本土的材料质感、色彩、纹理——既是绿色建筑的准则，也体现出建筑文脉和文化特色。

主持建筑师
祝晓峰
主要设计人员
李启同（项目经理）、
杜洁、周延（设计小组）
和作结构建筑研究所/张准（结构设计）
竣工时间
2017年
占地面积
120平方米
建筑面积
300平方米
主要结构形式
钢框架结构

中国，上海

深潜赛艇俱乐部
Deep Dive Rowing Club

山水秀建筑事务所 / 设计单位　是然建筑摄影 / 苏圣亮 / 摄影

为了长期推广和助力中国的赛艇运动，万科教育集团与上海浦东新区合作，计划在世纪公园内建造一座小型青少年赛艇俱乐部，为更多的青少年组织赛艇培训和交流活动，计划每年学员约200人，每期20至30人。俱乐部需要存放约15~20艘赛艇，并为青少年提供培训活动室、淋浴间、洗手间和休息区。俱乐部对学员进行日常培训和技术指导，同时也对学员家长和赛艇运动爱好者开放。

世纪公园是上海市中心城区内对公众开放的最大的湿地公园。可以进行赛艇培训的张家浜河宽约35米，是一条横穿公园的城市内河。赛艇运动员是背对前进方向划桨的，出于对安全和弯道变速的考量，我们将俱乐部设在河道弯折处一个附带小港湾的地点，便于双向出发和抵达。基地上是密植的水杉林，仅在岸边留有一座4米宽的老码头。为了最大限度地减少对原环境的影响，我们将使用空间分成四个部分：浮式码头设在南侧的港湾里，活动室放在

西侧的河道中，更衣室则建在老码头原址上，艇库是项目中唯一需要占用林地的部分，为了避免大面积砍伐或移栽，我们将艇库拆分成3个细条散落在水杉林里，大致对应着码头的走向。

赛艇分单人、双人、四人和八人四种，长度在8~18米左右，宽度只有30~60厘米。我们为赛艇设计的"小家"宽度以容纳一条赛艇为限，上下共4层，长度按四种艇的长度模数组合而成。为了减少现场施工对公园的影响，艇库的结构基础由预制的点状混凝土块构成，用两片角钢栓接起来的柱子如小树干一般，在上部分叉成Y形，支撑顶部的人字形钢板雨棚，在下部则单侧悬挑出四层"枝干"，用来放置赛艇。纤细的艇库除必要的顶部遮蔽外其余部分完全敞开，让取还赛艇成为一种负重在肩的林中漫步。

为了减少移栽，我们测量并记录基地内每一株水杉的位置，让三条艇库可以从合适的角度插入林

中。但在现场的放样仍然困难重重。幸好在林中投下阴影的阳光给了我们慷慨的帮助，沿着树影，我们更容易在现场找到合适的空地和角度。

更衣室建在原有码头的位置上，是一座窄条形的房子，四周用巴劳木板墙围护，屋顶是由山形梁支撑的钢折板金属屋面，通过顶部天窗给更衣和浴室空间带来自然光。我们希望这座小屋的实体性既能满足自身对私密的需要，也能帮助我们在艇库栖身的杉林和活动室置身的河流之间形成一个屏障，围护这两个场所各自的单纯体验。

水中的活动室是一座类似"不系之舟"的水榭。建筑底面是一个类似驳船的长方形钢格板，由打入河床的管桩支撑，覆盖空间的是一个20米长的双坡屋盖，仅由位于两端的H形组合钢柱支撑——这为空间的营造提供了自由和便捷：H形双柱之间是通往亲水平台的门洞，柱跨上的双梁之间则成为顶部采光

的通道。活动室东侧紧邻更衣室，一条8米长的柜子将两个空间划分开来，前为储物，后为书写板，两端则容纳了空调柜机。活动室的其他三面朝向开敞的河景，临水的西侧特别采用了三幅折叠推拉窗扇，可以对室外完全开放；推拉扇之下是可以安坐的通长窗台，使这一内外空间的边界成了休憩、交流和观景的场所，也在室内的测功仪培训和河里的赛艇训练之间建立了视觉联系。我们虽然让整座"水榭"在空间上与四周内外流通，但又通过其水中的方位以及比河岸略低的标高，赋予它一种特殊的场所感。从更衣室端部的入口需要下三级踏步才能进入这个船舱一般的空间，而置身其中，又能在安定之余感受到与外界自然的通达融合。

赛艇码头位于基地南侧河道与港湾的分界处，这座浮式码头通过抱桩滑轮与水中的管桩固定，上面满铺塑木板，由捆扎在一起的浮筒群承托。码头两侧都可以停靠赛艇，东侧通过一个5.5米宽的坡道与岸边连接，通往杉林艇库；西侧则通过一部小梯与活动室和更衣室之间的通道联系起来。坡道和小梯的两头都采用了铰接节点，以顺应水位的涨落。

码头、艇库、更衣室、活动室是俱乐部需要的四个独立场所，我们需要设计一组便捷并且合乎逻辑的动线把它们有机地联系在一起。从公园道路旁顺着一条小径进入杉林，在接近俱乐部入口时会遇到一个分叉，向左继续穿行在林间的是运送赛艇的通道，向右则可穿过杉林，抵达入口处由更衣室、木板墙和一棵大柳树围合而成的半开放庭院。左边的路径在杉林里再次分散到各条艇库，而后又在岸边再次聚拢，通过坡道抵达码头；右边的路径进入室内，成为更衣室和活动室之间的通道，然后再穿出至室外岸边，通过小梯抵达码头；至此，两条路径又在岸边和码头得以汇合。

在这个动线系统中，我们特别关注了户外部分。这里除了高大的水杉林，还有丰富的灌木、花草植被，以及经常在林间和河畔活动的松鼠、乌龟等小动物。为了减少对它们的打扰，我们仅在通往建筑入口的路径上使用了木板铺装，在艇库区域则采用了通透的设计。沿着运艇的路线，我们布置了600块点状的小混凝土块作为基础，上面放置不锈钢金属格栅作为步道。这样的通透式步道仍然允许植物在其间生长，小动物的活动也不会被道路打断。

剖面图

1层平面图

安徽，黄山

齐云山营地
Qiyun Mountain Camp

LOT-EK建筑事务所 / 设计单位　诺亚·谢尔登 / 摄影

齐云山营地是中国的一个大型自然探险和极限运动公园。它所在的齐云山既是道教美丽自然而又神圣的发源地，也是阴阳的象征。设计团队将所有的公共设施规划在公园的原始自然环境中。使用切割后的集装箱组成各种建筑的基础单元。通过连接、镜像、倾斜和重新组合，它们得以适应几个项目并组成新的建筑类型。考虑到地形的不同，三个不同的区域被小心地置入景观中，并用颜色加以区分，从而在自然环境中打造容易辨认的地标。

入口的橙色和蓝色区域是大门建筑和市场街。从通往公园的主要道路上可以看到入口展馆，入口下方设有旋转门，上方设有办公室、售票处和信息中心。这里是进入市场街的通道，市场街上有商店、咖啡馆、服务区和卫生间，并配备了凉棚和上层甲板，与周围的景观相连。餐厅广场的黄色和蓝色区域位于公园的一座小山上。从这里可以俯瞰下方的河流、室内空间和室外平台，并通过一个开放的圆形剧场向下倾斜，通向公园。一个长而倾斜的集装箱是高空绳索上的午餐平台。靠近水面的蓝色水上码头与湖相通，同时提供相关服务。模块化单元围绕着一组阴凉的建筑群，周围是充满变化的区域和咖啡馆，其排列方式不仅为皮划艇运动提供存物空间，还能引导游客前往水上，那里有一个漂浮码头向湖中延伸，服务水上运动。

主持建筑师

埃达·透拉、朱塞佩·利加诺

主要设计人员

维吉妮·斯托尔兹

竣工时间

2017年

建筑面积

6967.73平方米（入口展馆占地464.52平方米，市场占地3251.61平方米，餐厅占地1393.55平方米，水上码头占地464.52平方米）

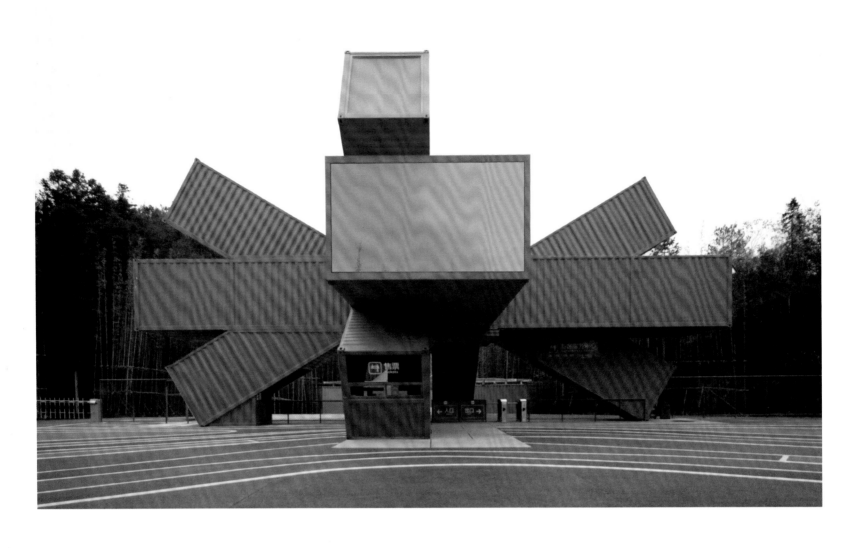

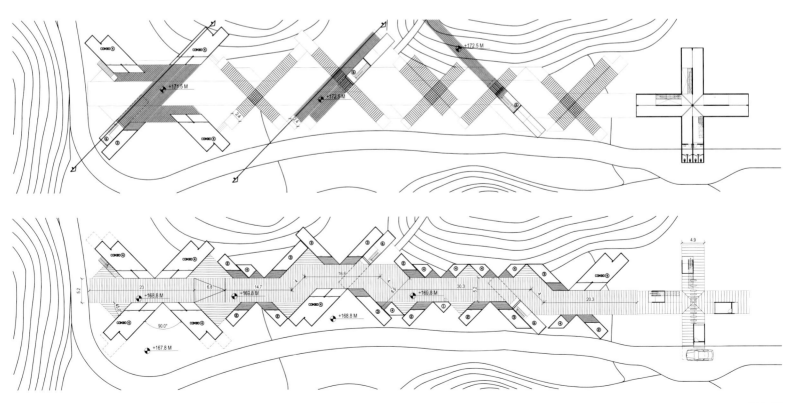

青普扬州瘦西湖文化行馆
Tsingpu Yangzhou Retreat

如恩设计研究室／设计单位、摄影

扬州青普瘦西湖文化行馆位于扬州风景秀丽的西湖附近。由于场地各处散布着小湖泊和一些现有的建筑，这家包含20间客房的精品度假酒店对如恩来说是一个颇有挑战的项目。业主希望对基地原有的部分老建筑进行适应性再利用，为之赋予新的功能，同时增加新的建筑以满足酒店的容量需求。为将这些分散元素统一起来，如恩采用了网格的平面规划，框定出围墙和通廊的布局，从而将各个功能整合在一起，形成一个多院落的围场。设计的灵感源自中国四合院的建筑类型。和传统的庭院一样，院落的形式为空间赋予了层次，将天空与地面的景观框架其中，让景观融入建筑，创造出内部与外部的重叠。

矩阵式的砖墙完全由灰色回收砖砌成，狭窄的内部通道形成了狭长的视角，光线穿透变化着堆叠的砖石，吸引来客在空间中不断深入探索。若干庭院内设有客房和公共设施，如前台、图书馆和餐厅。其中许多单体建筑的屋顶与四周的围墙齐平，远远望去形成了一条平整的天际线。穿过婉转的砖墙走廊，住客们最终到达自己的客房。客房被砖墙勾勒的庭院包围，客人们可以在此欣赏各自庭院中的私密景观。还有一些没有设置客房的庭院，三两树木自成一座花园，让人在墙垣之中获得自然与放松。沿着砖墙漫步，客人们可偶遇墙中隐藏的开口，向上踏几节楼梯，遁入更加安静且视野开阔的屋顶，在这里一览整片行馆的建筑矩阵和更远处的湖泊。平直的天际线中跳脱出三座建筑：一座两层高的客房，一座包含四间客房的湖滨小筑，以及位于行馆一端的一座多功能建筑。多功能建筑由原有的废弃仓库改建而成，包含了新建的混凝土结构，其中有一间餐厅、一个剧院和一个展览空间。如恩希望通过利用这个项目最有特点的两个景观元素——墙与院——将一个复杂的场地格局统一起来，通过粗犷的材料和层叠的空间营造，用现代的设计语言重新定义传统的建筑形式。

主持建筑师
郭锡恩、胡如珊
竣工时间
2017年10月
占地面积
32000平方米
建筑面积
4200平方米
景观设计
如恩设计研究室

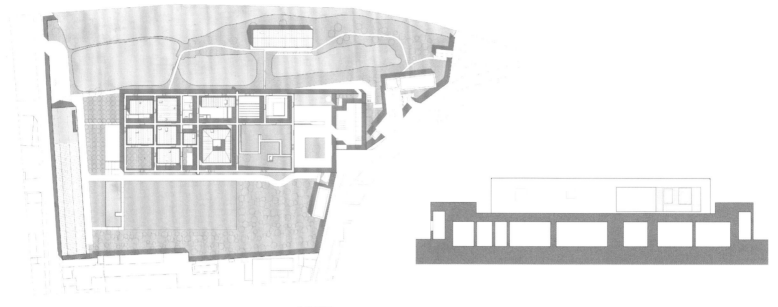

总平面图

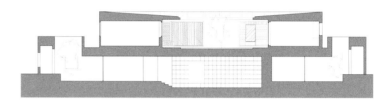

图书馆客房剖面图

竣工时间

2017年1月

占地面积

34313平方米

建筑面积

54622平方米

景观设计

伊恩斯·哈达洛

广东，广州

南沙岭南花园酒店
Hotel LN Garden Resort

3LHD事务所 / 设计单位

南沙岭南花园酒店坐落在中国南部广东省的珠江河口，是南沙海滨公园的一部分。酒店总面积61068平方米，共有365间客房。建筑与周围的景观形成了一个独特的实体——设计中的阴凉和阳光元素（水、草坪和铺面）充满节奏感，形成空间动态。在酒店的主要公共空间可以看到酒店西面美丽的海湾和东侧的海滨公园。两个垂直的大厅和一个主要水景使得空间柔和地流淌。整个大厅的外部植被使得室外区域和室内空间之间的过渡变得缓和。

中央大厅垂直向上延伸至顶层，伊凡娜·弗兰克（Ivana Franke）的特色艺术装置填补了空间的空白，强化了光、空气、风和水等各个元素的感觉。不同用途和不同内容的空间通过不同的座位设置体验以有机的流动和组织融合在一起。根据用户的需求形成小而具有私密感的单元，从而形成隐藏空间。

统一的流线型立面定义了房间和外部空间之间的关系，形成了连续的露台区域，既保护了室内不受阳光的照射，又保持了客房之间的私密性，形成了独特的酒店外观美学。酒店的体量和它的山地景观效果被立面的平行水平线分解，形成一个包裹在建筑周围的围护结构。由此产生的光影游戏给环境带来了平衡，将有趣的线条序列与周围的绿色和反光水面重叠在一起。酒店的公共空间充分利用了周围南沙海滨公园的美丽景色，打造出一个与周围自然融为一体的美妙空间，给客人一种不折不扣的奢华感。

宴会厅主要用于举办特殊活动，其设计旨在呈现戏剧化体验。重点是材料的选择，可以加强这种感觉。戏剧性的灯光，光环一样的吊灯和精细的亚麻布料，搭配天花板和墙板上使用的厚重杉木，都象征着高端与奢华。枢纽壁架延伸到大厅墙面的整个高度。它们像鱼鳃一样，可以根据需要打开和关闭。宴会厅外立面俯瞰露台，配备室外倒影池，将阳光反射回室内，产生闪闪发光的效果，在白天

更显奢华时尚。住宿单元的重点放在奢华的天然材料以及空间组织上，使得浴室的窗帘朝房间开放，这里可以将周围景色一览无余。

项目中有多个不同餐厅供客人选择，通过不同材料和家具的使用，每一个餐厅都呈现全新的体验和氛围。通过宴会厅可到达中餐厅，当客人踏上两层楼高的宏伟空间时，一定会被尽收眼底的美景所震撼。在中餐厅的一侧，一层和二层的包间都安排在上层楼座里，可以看到整个餐厅空间的景象。地面上温暖的红色石材和天花板上悬挂的照明铜网的柔软表面与私人餐厅周边的坚硬垂直管道形成对比。

西餐厅位于中央大厅的下方。它的特色是在一个有树的中央广场周围和下方设置了座位。这间大型餐厅的主要特点是餐厅两侧的全景视角，辅以垂直的中央大厅和室内植被。

一楼的北部为休闲空间和不同类型的休闲活动进行了预留。第二个大堂是酒店主要垂直大堂的延续，也是这个区域的核心和焦点。从那里开始，区域向三面扩展，每一面都被不同的内容所占据。健身中心位于两层楼高的西北翼，设有漩涡游泳池、水疗按摩池、25米泳道和室外扩建部分。室外温泉区由延伸的室内游泳池、儿童游泳池、大型室外游泳池和沿着湖滨的人造绿洲组成，将酒店区域与公共湾区分隔开来。所有这些水上景点都与丰富的绿化相辅相成，在餐厅周围形成了美丽的花园和宴会厅的隐蔽露台。

酒店的户外区域设计旨在将建筑与周围的景观融为一体。室外的绿植元素也出现在室内，将其与周边环境联系起来。开放空间被设计成阳光充足或阴凉的地方。树冠提供阴凉，或者在水面之上或靠近水景，也可能出现在绿化或铺面上。酒店周围种满了树，为周围的环境增添了绿色，目的是为了使景观的过渡更加柔和。植物的种类也经过了精心选择，或充当亮点（棕榈树），或充当绿色的背景（树木或地被植物）。

总平面图

主持建筑师
董雪莲、安德里亚·迈拉
（Andrea Maira）
竣工时间
2017年
建造面积
1200平方米

浙江，湖州

Anadu庄园酒店
ANADU

八荒设计STUDIO 8 / 设计单位　张大齐 / 摄影

　　酒店位于浙江湖州的莫干山脉北麓，坡地院落占地30000平方米，东瞰琛碛村，南眺凤凰山、大岗山，西临白茶山坡，北有竹林环绕。"八荒设计"担任Anadu庄园酒店的品牌视觉识别系统建立，以及建筑和室内设计。Anadu希望为住客提供一个身处自然的宁静度假体验。因此，保持当地的人文和自然氛围成为整个项目非常重要的关注点，从建筑材料到设计元素，甚至食材，都最大程度地充分利用当地资源。于是在建筑与空间的设计中，Anadu被融入到周边的自然元素之中。"八荒设计"最先提出的设计概念：跟自然相处，跟自我对话。渐渐也演变成了品牌的核心精神——"在自然中找到自我"。项目基地周边自然景观丰富别致：西面有葱绿且机理独特的白茶坡、北面有连绵叠嶂的远山，东面有茂密深幽随风摇曳的竹林。但"八荒设计"注意到，基地周边缺少了"水"的元素。水，尤其是一池平静的水面，能让人瞬间心情静怡。Anadu想要给住客"一个能够让人发呆一天不想出门的房间"。除了自然风景，如果能给人带来亲水的空

间体验，将制造出另一个象限的"境"。水同茶、水同山、水同竹的交合，不但拉近了人与水的距离，同时也建立了建筑空间与自然元素的连接，除了欣赏风景，更创造了心境，才能真正能让人"在自然中找到自我"。设计初始，"八荒设计"并没有从建筑本身的形态出发，因为设计师认为空间的使用者与自然的关系才是设计的关键。建筑的三层楼均有无边亲水台：一楼的泳池、二楼南面阳台的无边水景、三楼整层屋面的无边水景，每一层都有独特的景致，一层比一层更令人意外。每个房间都根据周边自然环境的朝向设置，结合水，创造每个房间独一无二的自然故事：

　　闻茶——面向白茶坡和底楼泳池，南面茶歇区外的屋面水景在阳光的照射下，粼粼波光被投射在天花。材质和软装选用与茶主题相呼应的青绿色。

　　望山——面向正南面的远山，设计有内河，可以在两面环水的半开放平台遥望远山。材质选用与山

石主题相配的黑灰色和自然石材。

　　听竹——东临竹海，房间的东面平台绿植环绕，南面阳台连接无边水景。房间内饰采用米粉色及各种竹丝制品。

　　映天——位于三楼，也是顶楼唯一的客房，房间一进门就会见到北边的一束天光，南偏东的朝向，270度展开，可以将茶、山、竹的景致尽收眼底。不仅如此，三楼的全屋面为无边水景，更把一片天色收入眼前，亲水平台让住客能够置身与水中央，营造出另一个维度自然和自我之间的秘境。

　　每个房间，都只有两面围合，用一个简单的L形，一面建立了"和自己相处"的私密性，一面打开能"和自然对话"的可能。同时，L形状也成为了Anadu庄园酒店的视觉识别符号。闻茶、望山、听竹、映天房间都有自己专属的图形符号。

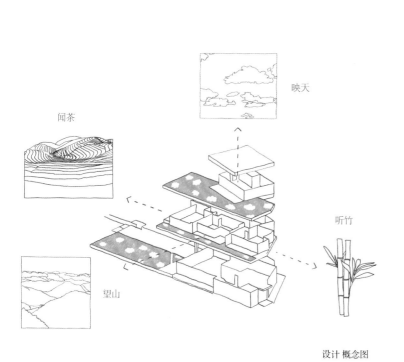

映天

闻茶

听竹

望山

设计 概念图

1层平面图

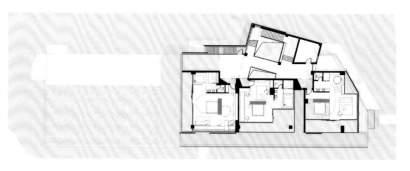

2层平面图

云南，丽江

青普丽江白沙文化行馆
Tsingpu Baisha Retreat

堤由匡建筑设计工作室 / 设计单位　广松美佐江、宋昱明（北京锐景摄影）/ 摄影

目前越来越多的休闲度假酒店是针对居住在城市的人们，它们很多是由老民宅改建而成的。

这次的项目地块位于云南省白沙村，那一带农村到处可见并排而建的纳西族传统民宅，有浓郁的田园牧歌般的氛围。木造民宅外墙上堆砌的是产自当地的五花石，可近距离观赏雄伟的玉龙雪山。客户要求我们利用四栋已有的纳西族民宅以及正门做设计，在延伸至周边的不规则地块上增建新建筑。

首先，假设只露出现有部分的木框架结构。在这一条件下，用随机方式将石块堆积成体块群，作为各种各样的平台来供人们尽情欣赏雪山和部落风景。同时，瓦屋顶则以四栋现有部分为起点，进行整齐的布置，与周围传统环境融为一体。最终，外露的木质结构以及木质墙面，和五花石的坚硬外壳形成了鲜明对比，更凸显轻快与厚重两个完全不同元素的特点与区别。

外墙部分的五花石的堆积方式也是经过深思熟虑，平面特意采用梯形，尽量避免在立面上出现大面积石层，营造出一种浮游感，同时也凸显石块本身的厚重存在感。客房以及走廊下方为吸引视线而设的光墙，则利用当地产东巴纸，设计成有渐变效果的格子光墙来有效控制光线。

利用当地材料为建筑增添新的思考，与经过多年变化的旧木结构、粗糙毛石墙上的古老记忆形成了对比。若只是将怀旧氛围做个简单保存，就等于是在时空间画下一个句号而已。而我们的建筑，如同记忆以螺旋状将过去与未来连在一起，用主动积极的方式将新旧时间和空间组合堆积在了一起。

主要设计人员
堤由匡、李思明、史维维、宋林
竣工时间
2017年12月
建筑面积
2482.5平方米

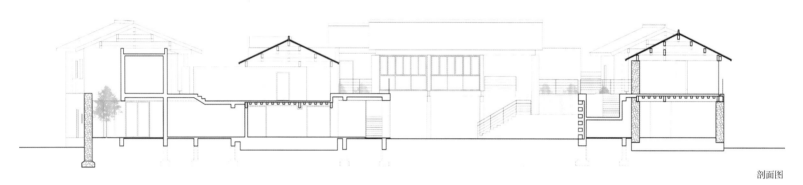

剖面图

主持建筑师
邹迎晞
竣工时间
2017年2月
占地面积
17200平方米（一期项目），50000到
60000平方米（含二期项目）
建筑面积
3348.61平方米（一期项目），13000
平方米（含二期项目）

中国，北京

北京金海湖国际度假区溪园酒店

Xiyuan Hotel, Beijing Jinhai Lake International Resort

袈蓝建筑 / 设计单位　本末堂/彦铭 / 摄影

溪园酒店项目位于北京平谷城区15千米外的金海湖国际度假区内，是袈蓝建筑为山水文园集团设计的一个高端度假村。酒店所在半岛比邻水域中心岛，与景区中心建筑湖光塔对望。场地依山傍水，前身是一个废弃的度假庄园，经过扩建改造如今重新定义为野奢高端度假目的地。

酒店改造前，建筑布局零散，互相孤立，袈蓝建筑接手后首先梳理了设计上的逻辑。基于半岛三面环水面山的环境，设计师把"野"放大，融入体验，力求打造与自然、植物之间舒适有趣的沉浸式互动，并在整体上实现360度观景效果。为了保证视野的开阔，同时打破原有环境的单一，设计师在原本的散落建筑之间，外延嵌入了不同体量高低错落的开阔长方形露台，既可以实现功能需求，也使建筑群形成了新的布局结构。同时在半岛视野最为开阔的位置打造出集功能性与视觉体验于一体的标志建筑——观景餐厅和天空观景台。这个新建内容在湖岸与酒店居住区之间的半坡位置，形成游与居之间的小憩之所。餐厅与周边植物共生，以更贴近的方式感受北方四季分明的生态变化。餐厅屋顶跟随建筑群整体风格，是平层、见方的空旷露台。向上延伸，与整体建筑的自然调性相融合，同时又通过屋顶不同于半岛其他建筑形态建造的玻璃观景台，让阳光、视野360度无碍放开，为游览者创造出舒展于"野"的自由呼吸的体验。

在对主体建筑元素重置之后，项目主设计师邹迎晞对场域内不同建筑的关联也进行了新的连接规划，通过曲直相应、高低错落的廊道把原本孤立的各个建筑连接起来。廊道在平台与各个功能区当中穿插交通，上下流动，为游览者创造出景观最大化的观赏路线。从房间到露台，居住者可以通过游廊在私人领域和公共空间内自由穿梭，远观山望塔，近戏水闲庭。

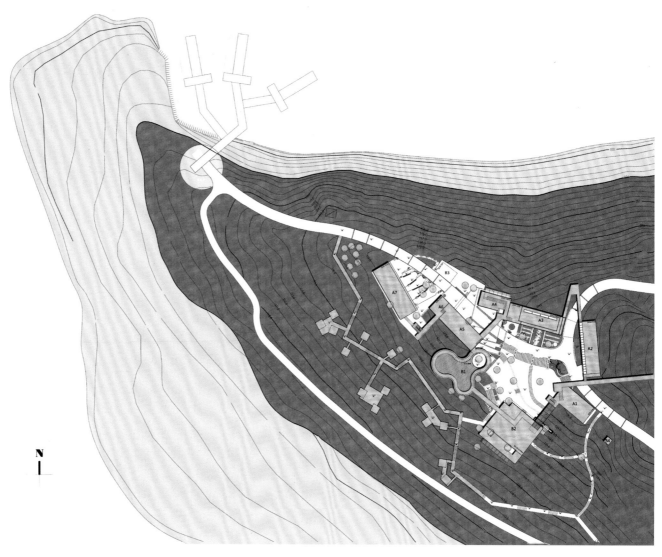

总平面图

为了软化直线和方形的空间构图，设计师在观景栈道部分使用了柔和的曲线设计，打造出一个流动蜿蜒的云形连廊。它在两个不同高度之间形成连接，优化了空间和景观的层次，同时借此埋下伏笔，体现出设计师邹迎晞主张的"有无相生"设计哲学。屋顶露台、观景平台以及木栈道之间形成一个庞大的栈道游览体系。四周几乎尽数保留了当地原有不同物种的树木，游人穿行期间，四季均有果实成熟，将是一个不断发现惊喜的过程。

在改造中的材料应用上，袈蓝建筑采用了就地取材的方式，应用当地的柴禾、卵石及木材，因地制宜地将野奢定位融入视觉当中。酒店外立面以环绕着建筑露台垂直排列的柴木为特色，强化了"野"的风情，卵石垒起一道道朴拙自然的围墙，木材作为主材与景观一同描绘出充满古韵的山水画作。在邹迎晞看来，就地取材不仅是为了节约成本，而且体现了建筑与环境的"基因匹配"。"建筑没有好与坏，只有适合与不适合"，溪园酒店是适合这个场地而"生长"下来的建筑，会随之存在，也随之毁灭。

目前酒店共设有25间客房，设计体现对老建筑的延续。其中一栋嵌在西边的山坡中，整体呈loft（跃层）风格，朝向湖面，开放与私密兼具。另有8间跃层客房，上下打通，一楼作为起居空间，二楼为卧室。在服务配套上，酒店设有餐厅、咖啡厅、茶室和露天电影院等。根据开发计划，后续酒店周边将会增加适量木屋和树屋配套，扩大客人对"野趣"的度假体验。

作为国内田园综合体项目设计的先行者，袈蓝建筑在溪园酒店项目上的实践无疑也蕴含着田园综合体的某些设计思维，它不只是景观和建筑的结合，更隐含人与自然的对话，是文化、旅游与居住的融合。

主持建筑师
本·范·贝克尔（Ben van Berkel）、
汉内斯·普劳（Hannes Pfau）
竣工时间
2018年
建筑面积
32,060平方米

广东，中山

中山吉宝湾码头俱乐部

Keppel Cove Marina Clubhouse, Zhongshan

UNStudio建筑事务所 / 设计单位　Tom Roe / 摄影

吉宝盛世湾码头

吉宝盛世湾新码头位于中国广东省中山市，坐落于西江沿岸。

该项目总体规划面积达 50000 平方米，包括一个直通西江的码头、一座游艇会所、高端住宅别墅以及海关大楼、桥梁、道路和周边外堤等配套基础设施。

吉宝盛世湾码头是中国境内首个，也是唯一一个外国移民所有的私营港口。

会所

该会所的设计理念是要打造有如置身于游艇或豪华邮轮之上的非凡体验。一方面，这里是人们远离喧嚣、享受宁静的世外桃源。另一方面，这里还能提供各种刺激好玩的休闲活动，让人们享受无穷的探索乐趣。

会所采用的建筑空间理念，为整个项目塑造强烈的身份特征。为此，项目在正对西江的大门处设置了多个代表整个项目识别点。从大门过桥来到俱乐部，整个水域以及停泊其间的游艇尽收眼底，营造一种弧悬于上的感觉。

除了强烈的视觉冲击，设计还体现了桥梁连接陆海一体的理念。从陆地上走近会所，一座雕塑般的景观渐入眼帘，而在水上望去，大气磅礴的建筑正开怀迎接海上来客，在水上洒下波光粼粼的倒影，堪称美轮美奂。

建筑的外形（及周边景观）与通往会所的主道路相得益彰，营造出引人入胜的风景线。其整体效果和谐流畅，以主基础设施节点为"叶柄"（桥梁），外展呈现出美丽的扇形。

这种扇形的设计还造就了宽视角的效果，让整个码头景色尽收眼底，同时还指引不同的用户群体前往各自的目的地。

建筑周边还根据环境设置了一系列景观，有欣赏西江美景的高台，也有领略秀丽神湾的观景地点。整个建筑构思巧妙，让公众在欣赏美景的同时，又不会打扰专享用户或住户的隐私。

漏斗

建筑中还特别留出了宽敞开放的"漏斗"空间，由上下楼梯互相连接，让用户能够在不同的楼层间闲庭漫步。这种"漏斗"设计将建筑物从传统的水边屏障变成了穿堂而过的流动空间。这些"漏斗"让会所大楼变得通透，从一侧走到另一侧时也不会影响大楼的运作，从而更好地组织大楼的内部空间。

"漏斗"空间还能让整个大楼都能欣赏附近游艇和水域的美景。打造这些如画的景点，能够让用

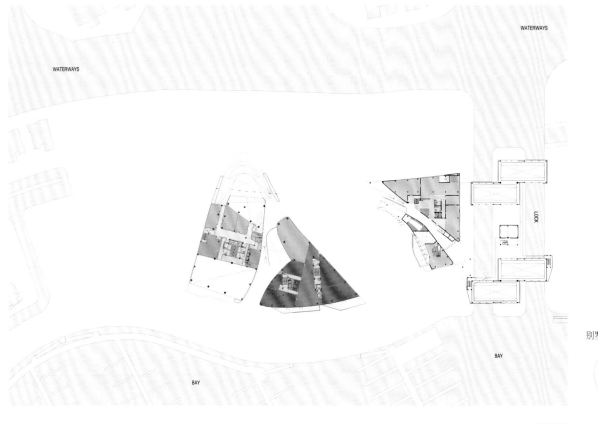

1 层平面图

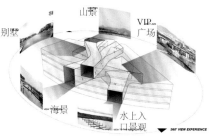

360 度视野景观分析

内部 "漏斗" 空间设计理念

"漏斗" 空间功能

户无论身处大楼内部的任何地点，都能欣赏到游艇或者东北部的山川景观。同时，这种 "漏斗" 空间也让大楼的内外空间相互交融。

在天气较热的季节，"漏斗" 里始终有微风吹过，为大楼带来自然的清爽。

本·范·贝克尔："让风吹过大楼内部、实现自然降温的理念贯穿了整个设计的始终。有了这些内部的通风漏斗，让人仿佛能够看到拂身而过的微风。"

大楼天窗及东西侧开口保证了充足的自然采光，营造出舒适的氛围和光影交错的效果。这些空间还采用木质板材饰面，营造出有如水上游艇的奢华之感，因为大部分游艇船身采用高强度碳纤维，而甲板上铺设的也是这种柔软材质。

立面

为迎合现代快艇与游艇在外观上所运用的颜色、材质和工艺，会所大楼的立面采用了青铜色铝面板。这种青铜色调是海船的常用色调，更加突出了整座建筑几何外形的柔和与流畅。

在滨水一侧，整个立面均覆有玻璃，并采用玻璃肋板提供结构支撑。立面上还设置了多个阳台，既是良好的观景去处，同时还有遮阴的功能。楼顶和阳台的底部均采用境面材质，与波光粼粼的水面交相辉映。

内部

作为水上活动的中心，整座码头提供可用于社交、商务、休闲和保健的丰富便利设施，会所大楼内部还设有餐厅、会员区、Spa、健身房、KTV 和会客室等功能区域。

桥梁

桥梁是通往会所和水滨的主要通道。通道采用人车分流的设计，重点打造良好的步行体验。步道位于车道下方，让行人远离车辆的尾气与噪声。桥梁上还设有多处休息驻足的平台。到了堤上，桥梁扶手变为座椅，车道扶手变为华盖，让您尽享休闲。

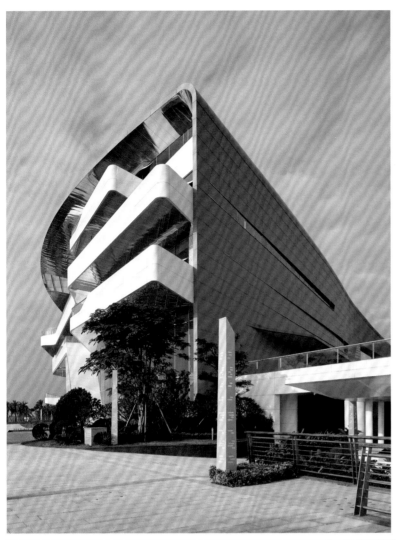

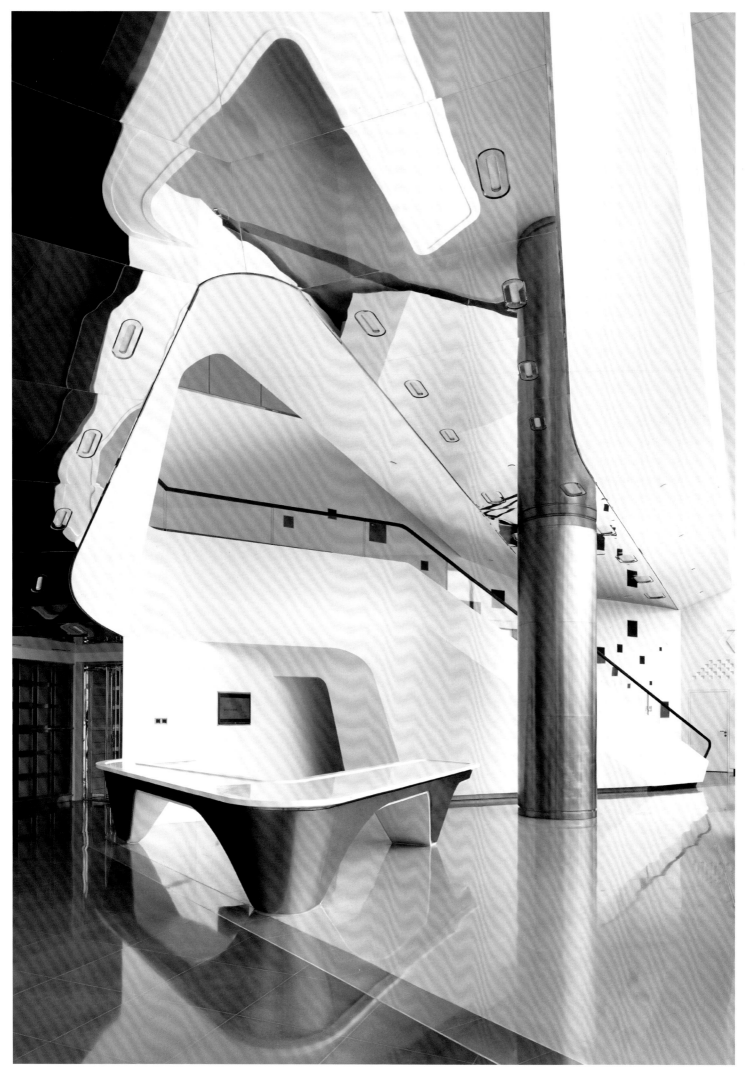

主要设计人员

李颖悟、约翰·萨拉米尼（John Sala-
mini）、吕婧婧、闫妍

竣工时间

2017年

建筑面积

约600平方米

江苏，苏州

苏州NEST栖地老宅
NEST Old House, Suzhou

OAD欧安地建筑设计事务所 / 设计单位　蔡旭荣 / 摄影

　　苏州的古城区多条横街窄巷吸引着喜欢将时尚注入传统的OAD欧安地建筑设计事务所。他们用2年的时间，将一幢拥有200年历史的老宅进行改造复兴，为这里的原住民，为每一位来访者设计并提供了一处文化和艺术的私享地。没有明确的功能界定，可以是小型精品民宿，可以是聚会场所，也可以是家人和朋友自用，亦是随意消磨时间的自由空间，建筑师、画家、服装设计师等，都在此各取所需，享受江南水乡的慢生活。

　　事实上，OAD欧安地建筑设计事务所创始人李颖悟曾在采访中这样谈道，"我们提倡'导演思维'，即设计师作为导演，把设计的各要素统一安排，将建筑、室内和景观合为一体，统一布局。从顾客的休闲需求、体验需求和服务需求出发，合理设置建筑、室内和景观的功能。"作为OAD欧安地建筑设计事务所的代表作，苏州的NEST栖地老宅酒店完美呈现出了"导演思维"所带来的独特效果。

　　整个项目紧邻苏州山塘街，是一座拥有12间客房的精品酒店。设计之初，OAD欧安地建筑设计事务所团队发现苏州的历史街区或多或少都面临着衰退的迹象，存在传统民居年久失修、街景杂乱、土地利用不合理等现象，破坏了传统的空间尺度与建筑风貌，而不适宜居住的环境迫使很多老居民搬迁。因而，建筑师李颖悟和他的团队开始了漫长的设计和改造，力求有所改观。整个设计过程就如新陈代谢，对不适应发展的地方进行渐进、有序的改造，同时增添新的时尚元素。而这所集古今东西设计思想的酒店历时两年，终而落成。

　　NEST老宅地处历史文化街区，却隐于纷扰的繁华街道，藏于古老巷弄之中。宅子前方院落由历史年代砖墙围合而成，院中配有小型私人泳池和蓝色的柱廊。这座翻修过的旧宅初看之下仍是由鹅卵青苔点缀，在一群老民房中默然无声，进入之后才发现别有洞天。

　　房间整体框架依旧守着传统江南苏派建筑美学，而古典的空间又和大胆现代的设计手法交融。房间各有不同，一楼带有小院，为大客房，可与邻房相通。打开房门，灯光与阴影交互切割空间，形成了一种现代感。色彩的大胆运用削弱了老宅的沉闷。这些灯光和设施既传承了老宅的文化底蕴又融合了现代元素，在闲适与优雅之外平添几许设计感。竹木提篮和雕花木窗构出了一幅幅苏州小像。李颖悟曾特意请来了苏州本土的老匠人花费数月精心修复这里的木雕和石雕。屋内整体装饰精致典雅、别具一格，四处可见原创艺术品和摆件，仿佛在现代与过去的时光中来回穿梭。

　　New experiences seeking tradition，即以"传统新体验"的理念，"巢的栖地"——NEST栖地深入挖掘了苏州当地的文化风情。寥寥数间优雅隽美的现代客房，秉承的却是两座苏式老宅之后的百年历史，呈现出一个老城的多样性和可能性。

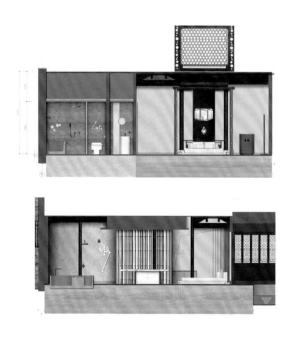

室内立面图

平面图

主持建筑师
何崴
主要设计人员
陈龙、李强、赵卓然、宋珂、
汪令哲、黄士林
竣工时间
2017年9月
建筑面积
920平方米

河南，信阳

别苑

B Garden

三文建筑/何崴工作室 / 设计单位 　金伟琦、周梦 / 摄影

项目背景：大别山腹地里的小房子

项目位于河南省信阳市新县，是大别山户外露营地项目中的重要组成部分。大别山户外露营地与大别山国家级登山步道相连，形成出入后者的重要门户。

"别苑"的基地背靠一座小山丘，植被丰富，前面有一片小茶园，稍远是贯穿露营地的河流，以及对面的山丘。基地是山脚下的一个小高台，往南视线开阔，有水从面前流过，是中国传统的风水宝地。

基地原址上有几栋老旧的民宅，因为年久失修已经很破败。业主希望将其拆除，并在原址上兴建新的建筑。

功能：从纯粹的民宿到小型"田园综合体"

关于新建筑的功能，从设计伊始业主和主要设计人员就产生了分歧。业主最初希望这里尽量多地兴

建客房，而主要设计人员则认为应该更多的体现公共功能，让这组建筑成为整个露营地的服务设施。经过讨论以及对整个园区的分析，双方逐渐统一思想，新建筑的功能也逐渐清晰了起来：这将不是一个简单的民宿，也不是单纯的公共服务配套设施；新建筑将被赋予复合的功能和业态，不仅包括客房，也拥有咖啡、茶室、可用于聚会或者农事体验培训的多功能厅，以及用于修养的冥想空间。这些功能不是彼此独立的，而是互相交织在一起，并由复杂、多变的交通空间相串联。

建筑的功能赋予了建筑一种"综合体"的特性，它并不依赖单一的人群或者行为而生存；而"田园性"又是这个项目一直围绕的核心。本项目的田园性不仅反映在它地处大别山腹地，山林之中，也因为它未来的经营内容都将围绕着山林展开，从采茶、制茶等农事体验，到利用周边物产开发的一系列创意农业产品，再到围绕绿色健康产业所组织

的登山、养生等活动。"别苑"的定位已经不局限于满足居住的民宿酒店，而希望把自身打造成一个小型的田园综合体。

空间：顶、院、径、水池、光影

"别苑"由多栋建筑组成，由于场地的限制，大部分建筑呈水平展开；设计师将建筑进行了细微的前后搓动，并交替使用了平顶和双坡顶（其中双坡顶暗示了原有民宅的位置）。这样做的结果是，建筑呈现出相互咬合的状态，曲折的平面和立面外轮廓线也给人以轻松随性的感觉。

院子和路径是"别苑"项目空间的另一个特征。设计师认为中国传统建筑的最吸引人的地方就是房屋、院子和路径的关系。其中房屋和院子互为正负关系，这种正负不仅仅是物理空间上的正负，也包含了视线和心理上的内外、开放与封闭等；而路径是房屋和院子之间的"介入物"，它时里时外，并没有绝

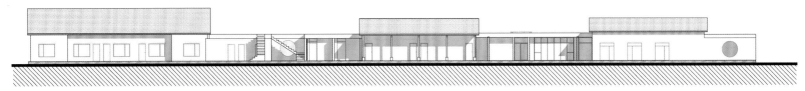

内院展开立面图

0   5   10m

对的室内或者室外的身份。路径的作用不仅仅是交通的串联，也让空间的内外变的连贯和模糊。在本项目中，设计师希望在农舍的语境下，讨论这三者的关系。因此多个不同空间特征的院子被营造出来，它们穿插在建筑群体之间，将建筑与周边环境，建筑与建筑隔开，形成一个个空白。这些空白除了功能作用外，更多的是一种视线和心理上的需要。

路径约束了人们进入建筑的方式。为了保持"别苑"的私密性和趣味性，建筑的路径被人为的"曲折"，甚至是隐藏起来，顾客需要自行的寻找进入空间的方式，而在这个寻找过程中，建筑和院子的正负关系被自然而然地呈现出来。

水池和光影的设计加强了建筑的趣味性和戏剧性。通过水池的反光和倒影，以及不时出现在路径中的光影戏剧性场景，使用者的兴奋被不断地勾起、驻足、拍照、发朋友圈，建筑单一红砖材料所带来的厚重感、单调感被大大地冲淡。

气质：精致农舍，随性别苑

"别苑"，顾名思义它不是城市中的精品酒店，也不是乡间别墅，它有一种野味，也可以说是农舍感。"别苑"的气质应该是精致的，但并不过分矫情；随性而为，人居于期间，可以放松，偶遇间，人和人的距离可以稍微拉近。

建筑的室内也不另做装修，直接暴露材料，形成一种可控的粗野感。地面的水磨石，暴露出来的结构构件，进一步强化了这种感觉。在设计师看来这样的处理正合乎项目的名称——"别苑"所应该传达的气质，一种不同于城市的别样生活。

因为是新建，设计师并不希望刻意模仿民居的老旧，而是希望让建筑给人有一种亲近的感觉。建筑选用了1980年代常用的红砖作为主要材料，外观并不刻意追求风格的一致性，相反设计师有意的将不同风格混搭在一起，形成一种"混乱"感。因为这种混乱感、混搭正是乡村建筑吸引人的地方。

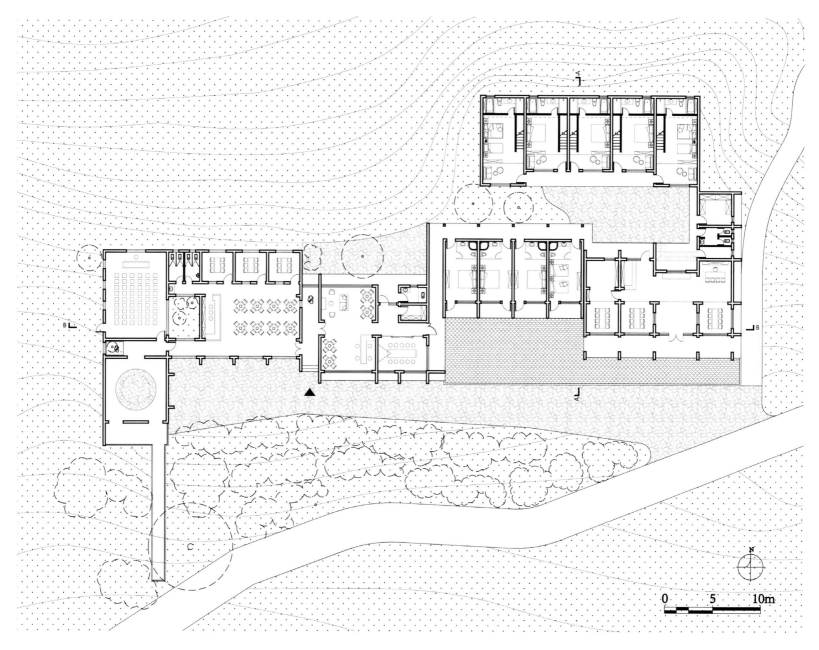

1层平面图

剖面图

中国，北京

北京协作胡同胶囊酒店
Capsule Hotel

B.L.U.E.建筑设计事务所／设计单位　锐景摄影／摄影

项目位于北京东二环核心老城区，临近张自忠路的段祺瑞执政府，古老韵味与现代风貌交相辉映，别具趣味。

驿栈由两间院子相连而成，从一面中式的朱红色大门走进院子，左侧为前台，右侧为室内影音阅读区。影音阅读区正对白杨前院，前院影壁中暗藏玻璃砖，为房间带来柔和采光。暮色时分，暖黄光影从玻璃砖映出，交错出现代感的光影矩阵。

前院东侧通道为可供休憩的共享廊道空间，这条公共走廊使城市和胡同的街道得以延长，形成"半户外街道"式的全新空间，灰砖与公共家具既成为连

接着过去的桥梁，也将胶囊空间变成一个真正的"家"。整条廊道贯穿前、后院，利用落地窗，隔而不断，框取庭院风光。游走长廊时仿若置身悠长的胡同，原本陌生的游客、住客、邻里不自觉停驻于此邂逅交流。更能以具有流动性的书本为媒介，通过公共家具的引导带来别具趣味的"交流"。

院子是"四合院"建筑的居住乐趣所在。顺着廊道来到后院，东侧角落坐落着一处被青砖包围的景观空间。穿过后院，通过南侧楼梯上到二层。二层的露台由一层廊道屋顶连通而成，形成于屋瓦之间、树荫之下的典型北京胡同文化体验：夏听蝉鸣，冬看白雪黛瓦。

主要设计人员
青山周平、藤井洋子、杜雷
竣工时间
2017年8月
占地面积
1300平方米
建筑面积
1150平方米

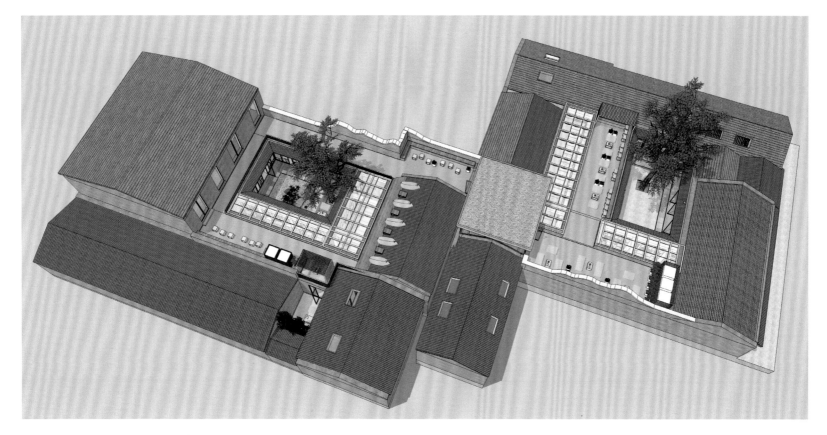

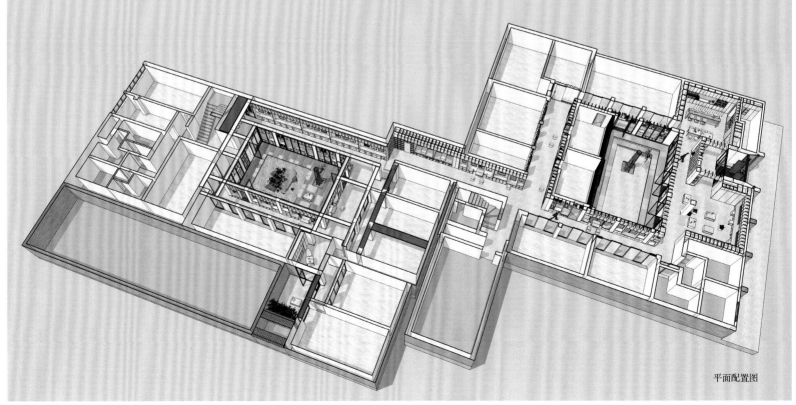

平面配置图

主要设计人员

赵扬、武州、商培根

竣工时间

2017年1月

建筑面积

540平方米

云南，大理

大理古城既下山酒店
SUNYATA Hotel

赵扬建筑工作室／设计单位　　雷坛坛、王鹏飞／摄影

　　基地位于大理古城叶榆路和人民路交口的南侧，由两户相邻的宅基地组成。基地北、西、南三面都被邻宅紧紧包裹，基地东侧面朝道路。任务书要求在这块390平方米的用地上建设一个14间客房的精品酒店和一个面对公众开放的咖啡馆。

　　在这个没有外部景观资源的场地上设计酒店，一切体验和氛围只能从内部争取。我们把这个酒店的体量分解为八个似连非连的"小独栋"来围合出一前一后两进庭院。客房围绕庭院布置，庭院既是花园景观，也同时承担了通往客房和楼梯间的动线。咖啡厅因为要对外经营，就把它安排在临街的东侧。位于前后庭院之间的茶室空间完全用玻璃来限定，因此庭院中随处可以感受到贯通南北的空间深度，而茶室的存在又使这个贯通的空间有了阴阳起伏。透明性还体现在东西向度。咖啡厅东西两侧的立面都是玻璃窗扇，可以完全打开。从街道上看，这个酒店并没有一个突出的建筑造型，倒是更像绿

树掩映下的一个舞台台口。透过咖啡厅的室内，还可以瞥见前庭清香木的树冠而略窥酒店之堂奥。因为建筑的轮廓是在平面的整体操作中腾挪而成，所以每一间客房的尺寸、比例、开门的位置、框景和采光的方位都有所不同。也就导致了全部14间客房每一间都是唯一的。我们把每一间客房都当作酒店这个小群落中的微建筑来考量。在机会和限制环环相扣的因地制宜中，每一个房间都发展出明显的特征，面积虽小，却各有各的意料之外和情理之中。

　　整个建筑采用混凝土剪力墙结构体系。我们向木材加工厂定做了只粘贴了一面木皮的细木工板，用另一面裸露的碎木条来直接形成清水混凝土的木纹肌理。这个做法不仅大幅度降低了加工模板的费用和时间，平均4厘米宽的木纹肌理和这个小尺度转折比较多的空间也更匹配。碎木条在工厂是随机拼压的，因此就在混凝土表面压出斑驳错落的凸凹感。根据大理古城的规划要求，所有的建筑都

必须是以青瓦坡屋顶为主的。这个酒店的第五立面是由七个双坡瓦顶和一个存放设备的平屋顶组成。我们参考白族民居封火檐的几何形式来解决瓦顶坡屋面和墙面在檐口处的交接问题，倾斜的悬挑把墙面从垂直的阳面引到阴影中，而自然过渡到瓦当滴水凸出立面的丰富细节中去，利用混凝土的可塑性来模拟传统建筑用悬挑的石板来实现的几何形态。因为庭院空间的限制，公共流线和檐口在多处重合，我们就在"封火檐"的斜面上用弯勾固定了手工打制的铜檐沟来解决雨季的排水问题。建筑沿街的外墙面根据当地规划的要求需要完全是传统建筑的模样，所以就预留出了20厘米的厚度，土建完工后再用传统毛石墙体的砌筑方式来覆盖整个外立面。这看似一个被动的"装饰性"策略，但完成后的效果却让这个酒店的形象完全融入了古城的背景，从入口拾级而上，步入混凝土塑成的内部空间，反倒是多了一层别有洞天的感觉。

剖面图

剖面图

东立面图

剖面图

1 层平面图

2 层平面图

主持建筑师
沈墨、张建勇
主要设计人员
王雯婷、唐宜
竣工时间
2018年6月
建筑面积
1300平方米

浙江，湖州

塔莎杜朵民宿
Tasha Tudor Boutique Hotel

杭州时上建筑空间设计事务所／设计单位　叶松／摄影

塔莎杜朵改造自一间普通的农民房，打破固有的规则结构，在大面积留白的墙体上开出一个个错落有致的小窗。因地制宜，结合四周一望无际的绿色有机农场，透过大开窗的设计将绿色映入室内，无处不体现着共生与生态。"无须过多语言，一切变得简单又不简单。"诠释了设计师对塔莎杜朵的理解。设计师保留了原始的瓦片屋顶与横梁，外墙刷上一层大地色的涂料，置身于周围一片绿色盎然中，显得愈发温柔、沉静。

以自然喻情，往往作为设计的出发点，庭院的一角布置着一片枯山水以及休息区，以静制动，将空间利用到极致。另一边则种着原始的芭蕉叶，设计成台阶式的座椅，休憩于此，人与自然作伴，妙趣横生。

我们常常说生活需要点仪式感，在塔莎杜朵便足以体验到仪式感的另一种定义，它不是庄严、沉默，而是充满温度与生气。

鸟笼式入户门设计。将小小的鸟笼放大到现实生活中，是一个自然与人文的完美共生，巨大的鸟笼像是一件装置作品引领远道而来的客人进入另外一片天地。待春天来临，鸟笼四周将会开满蔷薇花，一切显得生机勃勃，富有诗意。

汀步式走道设计。在庭院间有一片景观水池和一片泳池，在穿插的水池间横置一个步道，设计师意在放缓行人的脚步，伴随着涓涓的水流声，感受最纯粹的自然风情。

入户"木盒子"设计。进入室内前，需经过一个"木盒子"，拾级而上，迎面而来的便是满眼的绿色植物。巧妙地将人、物、空间相融合，使空间不再单调而是相互关联，处处体现着设计思考。步入室内，将空间做了动静分区，一层原本的房间打通，变成了全开放共享的空间。并且做了下沉式设计，将空间聚焦于此，冬天可以感受火炉带来的温暖，透过拱形的大玻璃眺望远方极致的风景，享受慵懒自在的时光。墙体与火炉的穿插式设计，提升空间趣味性。可以看到另一边放置着木桌与坐垫，周围植物环绕，仿佛置身于大森林中，没有过多的装饰，希望室内是安静简单的，更多地是享受户外的自然，营造"塔莎奶奶"式的被植物围绕的自在空间。

房间的设计将白墙与木质材料相结合，将空间变得自然纯粹，配以现代化简约的装饰，以黄铜材质家具为点缀，映出低调与雅奢，提升室内的整体气质。SPA区的设计也是别具一格，通透的大玻璃将四周大片竹林风景引入室内，雅致的江南风情顿时发挥得淋漓尽致，自然环境与空间相结合，万物归一，无不体现着对生活本质的向往。

值得一提的是塔莎杜朵拥有着三位主人，三棵树以及三种仪式感，让一切变得更加值得玩味。相信经过岁月的打磨，会越发富有魅力。

江苏，淮安

渝舍印象酒店
Yu Hotel

上海本哲建筑设计有限公司／设计单位　是然建筑摄影、金选民／摄影

项目地址位于中国上海市复兴东路上，毗邻豫园，故取谐音"渝舍印象"。项目原是一家旧招待所兼棋牌室，随着时代变迁和城市再造更新，业主希望在加固原有结构的基础上解构新的民宿含义。原招待所由四栋旧楼组成，楼内空间狭小，光线不足，改造的重点便是空间重构，为原本狭小昏暗的内部空间引入阳光和自然。历经半年余，设计师将旧宅解构嫁接成现在的一栋庭院相间、内外相连的复合建筑。由水岸造景、露台、客房、餐厅、茶室以及园林等部分组成，兼具了民宿的功能性和景观。讲究细节的精致打磨，在整体房屋格局修旧如旧的基础上，通过内饰和软装的搭配，让昔日的上海里弄经历了新旧交替的时代嬗变。

改造后的渝舍印象由两栋楼组成，设计过程从整合的角度梳理了文化、自然、建筑之间的关系。入口处以折叠巡回的青砖引入，为空间的公共与私密提供了过渡。参考北方的四合院和上海小院

的特点，设计师大刀阔斧，在寸土寸金的上海市中心辟出一处院落，解决了建筑间的孤立状态，使客房、前厅大堂和咖啡厅视觉上遥相呼应，院落的引入集中体现了传统建筑的造园思想。大片窗户和钢板组成干干净净的冷色基调，与透出的暖黄光形成对比，正如渝舍印象的经营模式：用酒店式的管理方法，民宿的人文情怀去经营。这里有书籍、音乐、咖啡和茶，懒懒地坐在舒服的沙发上，发呆、看书、聊天，坐上一下午。

民宿客房在朝南的主楼，楼内空间功能分区布局巧妙，恰到好处。中庭，将楼道空间与露台以及后院全部打通，达到视线与空间的最大程度的开放。玻璃天窗保证了客房公共区域的采光需求，一改老旧房屋的昏暗，铜质和实木相结合的楼梯承上启下。阳光照进天窗，辗转映射在二楼白墙，透过挑空的中庭玻璃栈道照射到一楼水磨石地面，整个空间一气呵成，显得更加充沛明亮。

主持建筑师
蒋华健
竣工时间
2018年2月
建筑面积
678平方米

设计师认为民宿出彩于细节，也就是人们所说的见微知著，渝舍印象的美学就体现在用心极其考究。设计师有一套完整独立的美学理念，即便是小摆设都是设计师亲自挑选的，一花一世界，一叶一菩提，只有富有诗意的设计师才会为12间房都配上独一无二的名字：淳、源、澜、润、游、涵、淡、潺、浮、泩、漫、滋。每个房间都有自己的风格和故事，欲将意义消解在文字里，一种温柔而坚韧的东方美感魅力，人们一旦被触动，就很难自拔。

渝舍印象共打造了两个loft大跃层房间，以作为城市民宿的刚需与亮点，分别取名"润""澜"。房间面积55平方米，利用高处做二层，一层则有足够的空间做配套设施：开放式洗浴空间、休闲会客区等。楼上是休息区域，将工作休闲与休息区分开，保证了客人的私密性。楼顶的一扇电动斜顶天窗，提供广阔清晰的视野，白天采光深度大而均匀，夜晚躺在床上仿佛身处一座天空之城，伸手即够得

到天上的星星。房间"淳"主基调是新中式风格，因其质朴敦厚而得名"淳"，房间里大大的玻璃落地窗，让你安静地看这个绿色的小世界，不去打扰那院中的生灵，毗邻闹市却又大隐于市。在新中式风格设计过程中，采用简化的手法来体现中国传统文化内涵，古代"镜"原以铜或铁铸，现代设计师喜欢采用未经过度加工的铜料与圆形镜面组合，要勾勒生活品质，一个足以。简约梳妆台遇见陶瓷大浴缸，木艺遇见铁艺，厚重的铜镜遇到琉璃玻璃窗，现代化设施遇到别出心裁的设计，这就是渝舍印象。

城市民宿除了硬件的完善，核心文化也是至关重要的，人们被民宿想要表达的情感所征服，认同它的理念，赞美它陈述的生活方式，它所表达的人生态度，这间民宿才被称为精品民宿，或者是文化民宿。设计师在打造渝舍印象的时候，希望带给在钢筋混凝土城市里生活和工作的人，享受到便利的智能化设施和温暖的人文情怀。

1层平面图

2层平面图

主持建筑师

李亮

主要设计人员

张必昌、黄畅、徐林

竣工时间

2018年3月

建筑面积

3800平方米

湖南，岳阳

双溪书院
Shuang Xi College

北京多向界建筑设计／设计单位　金伟琦／摄影

"全国诗人半在湘"，湖湘文化所具有的最鲜明的特征即是其内涵的"诗性"。双溪书院则以其独特的山水人居的方式——依山取势，临溪而居，分合布局，错落有序——来重新诠释这一诗性。在这里，似乎建筑设计中所有物理空间的构想都应当被赋予某种情境：游山、访古、寻幽、高卧、倚竹、观鱼、濯足、鼓琴、品茶、焚香，这些诗意的片段都自然的再现，并又被自然而然的重新置入当代人文精神与生活之中，展现出新的"诗性"。正如海德格尔所倡导的："正是诗意首先使人进入大地，使人属于大地，并因此使人进入居住。"在此地，诗意成为最自然的生活，也成为禅境与超然的场景。

这一诗意的诉求使建筑设计在一开始就被赋予了一种明确的画面感。一方面，如何让建筑真正的融入环境，从而加强这种场景感而不会破坏它，成为前期"规划"的一条基本准则。说是规划，实则更像一种随地形变化的自然的"安排"——几条枝杈状的11~14米宽的溪谷向不同的方向蜿蜒，建筑

就被契入山谷之中，只呈现出谷口的一个立面。于是，双溪书院的七个单体建筑，除了接待大堂（也做餐厅）和茶室两个公共功能的建筑外，都被分别隐藏在四条张开的山谷内，互不相望，各自以各自独特的视角存在，这种关系有些像传统山水画中的散点透视，每个局部自成一体，又能够"拼贴"成一幅完整的画面。

另一方面，在建筑的风格样式上，双溪书院的建筑是运用现代的建筑材料和结构技术来体现地域传统建筑意向的尝试。从内天井的结构布局，到木构构架与高耸的白墙，连续的灰瓦坡顶，到石、木、瓦等材料肌理，这些建筑设计的形象生成既来源于当地的传统民居建筑，同时也是对更广义的中国南方民居的建筑符号的片段提取和抽象提炼。在建造上，除了常规的混凝土框架作为基础结构，还使用了大量的竹钢、铝板金属屋面和一部分GRC（玻璃纤维加强混凝土）材料，这些材料的组合也对施工工艺提出了新的要求。在风格上，双溪书院的七个

单体建筑，总体有相似的元素，但又因山势而样貌迥异，各有特点。

接待堂

山谷的场地限定了人的视线，这使人在游览建筑时只能从特定的角度开始。在这些特定视角形成的"画面"中，近景可能是几棵树或一丛竹林，远景则是向两侧蜿蜒升高的山脊，这使建筑自然成为画面中的中间层次，也使其立面的平面形态超越了体量本身，变得更加重要。

接待堂的设计，顶部是一条向下弧的屋檐线，立面是被概括的竖向的线条。尽管传统建筑的典型的灰瓦的大坡屋顶被取消了，但檐口以下由层层的椽子向立柱传力的基本结构意向还能够表达出和传统结构的一种关系。其他侧立面则是正立面的直接复制，最终形成一个围绕"天井"的正方形布局。总体形态上，这个"回"字形的结构是启发自传统平江地区的民居内天井的布局形态的。接待堂向四周

翘起的屋檐是对周边天际线的最好呼应,也为室内带来更好的光线和更通透的观景效果。

西侧连接接待大堂的部分,是一个几乎完全嵌入山体的部分,主要布置了厨房、餐厅包间、小展厅等辅助功能。一个巨大的单坡屋顶顺山势倾斜,与接待大堂的屋顶形成叠落的关系。为了达到更轻薄的形体效果,建筑主体采用竹钢搭建,竖向的立柱每根都为承重柱,从而达到均匀受力的效果。"柱"与"梁"的连接部分采用简单的交错堆叠起来进行构造的方法,使其在形式上产生出类似斗拱结构的效果。而屋顶则采用GRC预制板,直接"平落"在竹钢框架上;屋顶面层采用金属瓦,而非传统瓦,这些做法都极大地减轻了屋顶重量,使整体结构轻量化,更传达出一种具有现代气质的南方建筑的秀美。

茶室

茶室东侧立面在布局上与接待堂东侧立面形成一条轴线,以求得在主要视点透视线上的连贯性。茶室的总面积为109平方米,是一个L形的半围合院落,一端契入山体,另一端延伸并挑出到池塘上空。转折处的屋角约8米高,指向东南向的天空。这个"屋角"成为三条山谷会合处的空场的标识物,也成为和接待堂呼应的轴线上的制高点。屋面连续向两端陡降,形成一个狭长的内斜屋顶。立面通高的玻璃幕墙不仅带来了更宽阔的视觉体验,还给室内提供了充足的自然光线。

书院与先生房

书院与先生房位于西侧的谷内,隐藏在一片茂密的竹林之后。随坡而上,一侧是小溪,一侧是茂密的竹林。路尽头是书院的入口大门,位于白色院墙左侧,这和右侧越过白墙挑出的休息室共同形成均衡的构图关系。进入大门,U形的庭院才清晰可见:庭院被台地分成两级,连接两个单体,错落的空间关系形成了更丰富的景观体验。建筑看似由两栋独立的单体构成,但通过相同的结构和材质,使两者之间形成一种整体的关联。书院建筑的屋顶从两侧向内倾斜,并由远及近逐层错落,形式与周边山势轮廓相呼应的轮廓,应对与周边的景观关系。

山谷客房

总体上看,这一 86米长的狭长形体随山谷曲折,只在谷口保留了一个完整而突出的立面,依山势而下的溪水在建筑周围汇聚成水面,将入口的立面映射其中,形成安详而静谧的画面。

这一建筑单体总面积约1100平方米,建筑形态完全契合原有的山谷地形,呈折线形随地势逐级抬高,通过高低错落的坡屋顶围合构成具有南方乡村特征的巷道空间。巷道两侧的客房屋顶成V字形态,从总体的形态上和接待堂、书院建筑是一致的。单坡屋顶相对于客房而言,为室内提供了更好的观山视野。

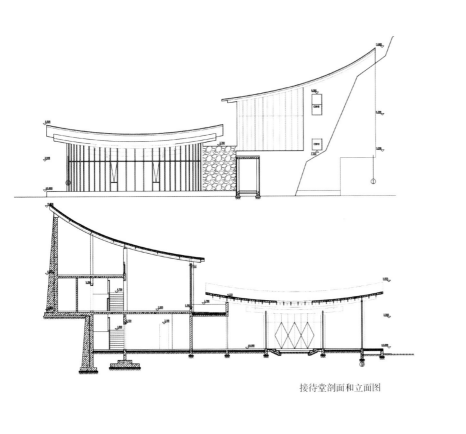

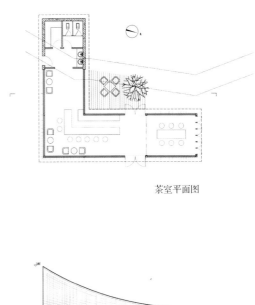

茶室平面图

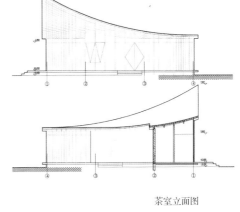

接待堂剖面和立面图

茶室立面图

一层在结构上成为底部架空的附属空间，主要设置为多功能的休闲大厅、咖啡、水吧以及一个小型会议室，并且一层三分之二的面积是埋入山体之中的。一层在交通组织上和二层是分别设置的，而所有的客房均位于二层，需通过主入口的景观楼梯单独进入二层小巷，这样二层的客房区相对安静独立。18间客房即沿着小巷分布两侧。

三折别墅

这栋建筑在形态上与山谷客房有着相似之处，即都是迎着谷口的端头立面作为建筑的主立面，而主要的体量则隐匿在谷中。建筑随着山谷地形走势呈现折线关系布置，一层有三个独立的单体"盒子"，主要为公共活动空间，穿插其间的是几处半户外的"亭子"空间。这些空间由一条边廊连接。二层为卧室等私密空间，成线状排布成一条通长的"廊桥"结构，连续的竹钢格栅立面增加了"廊桥"在结构视觉上的整体性。在实际的功能划分上，多数使用

状态下二层的卧室等私密功能是独立分割的；只在必要时可以通过二层的走道相连接。屋面三角的折面关系使整体形态更相似于传统坡屋顶的意向。

四分别墅

双溪书院的所有建筑单体都几乎全部采用V字形内倾的屋顶形式，这本身也源自平江传统民居院落的剖面关系。这种剖面关系在四分别墅中反映的更为直接。内倾屋面的四个体块成为四个独立的休息空间，体块与外围墙界定的区域即为巷道和公共区域，这种类似聚落的形式也使整个建筑更适应场地，并避免体量过大带来的突兀感。四个独立的功能体块与一个通透的玻璃盒子相互套嵌，产生了居者在室内外不断交互的空间体验；同时，通过围墙的隔挡形成独立的六个小院子，在室内，透过围墙上局部的取景窗洞，使庭院中的人造景观与户外的自然景观形成一个重叠对景的关系。通透的玻璃盒子将南侧的自然光引入室内，使建筑形象变得更加

柔和。退出室内，从更远的视角看，建筑的整体形象中翘起的屋檐与两侧逐渐升高的山脊线完全是为了达到一种呼应——尽管因此而削弱了正立面的视角应有的体量感。

当建筑契入自然时，一切所谓专业的设计或阐释都应当顺从于自然的某种"力"或"势"。自然的包裹使建筑必然由一种对抗转到顺从，或者更恰当地说是一种融入或共生。就如中国山水画中房子总是若影若现于山水之间，这种画面中的诗意似乎拉近了我们和古人的距离。古人可以卧游，通过这种心历去体悟自然山水中的哲学。今天我们仍然努力在自然与建筑之间创造某种情景，某种我们能通过建筑与自然对话的情景。或许这种情景就隐藏在双溪书院的环境之中吧，游走在这幽邃的山谷之中，小溪之畔，很容易使人想起南宋平江文人邹辄的诗句："花阴不正月将西，欲到溪边步懒移。坐对前山无一语，此心惟有古人知。"

主要设计人员

吴子夜、周苏宁、唐涛、刘漫、毛军鹏

竣工时间

2018年1月

建筑面积

385平方米

主要材料

小青砖、深灰色金属板、清漆木饰面、
钢化玻璃、镜子

江苏，南京

蒋山渔村更新实践
Renovation of Jiangshan Fishing Village

米思建筑／设计单位　侯博文／摄影

在现代城市化浪潮的冲击下，乡村没落成了一个不可回避的现实问题。

米思建筑受南京高淳蒋山渔村的委托，以满足原住民对现代功能和文化生活的需求为最基本目标，制定了乡村更新计划。希望从乡村本源的"人"的角度出发，用片段式的改造和建设来改变这个固城湖畔的小渔村。

蒋山渔村更新计划的第一阶段由两个部分组成，分别是对空置老宅的改造和乡村公共设施的建设。

老宅改造是更新计划的重点所在。设计最大限度地保留了这栋村中少有的古老宅院的外在形态，希望能强调地域特征和文化传承的重要性。同时对建筑内部进行颠覆性的功能置换和空间重构。一个包裹着天井的书架和一个面向庭院的玻璃茶亭植入其中，它们以全新的姿态和现代的形式带来了空间

上的强烈对比，并且通过隔墙框景、景观设置室内化的手法，以及镜面和玻璃组合，空间消隐的室内手法建筑外在化的表达，借此打破了室内外的界限，给空间带来全新的体验感。

植入的部分因其空间特性和功能设置成为了老宅新的活力中心，为原本昏暗老宅引入了阳光和自然，使其成为了村庄邻里交流和文化交融的新场所。

乡村公共卫生设施建设则是为了满足村民在平常生活和工作中就近如厕的需求。两个公厕分别位于村口和村中小树林畔。

建筑以最基本的形态和建筑方式，保证了在较少的资金和地域化的施工条件中依然能呈现出简洁的现代审美。并通过建筑形体错位的方式形成"缝隙"，让建筑在仅有少量设备辅助情况下依然享有保有良好的通风和采光效果。

在丁酉年末，更新计划的第一阶段完工，我们欣喜地看到建造的这些"小玩意"得到了村民们的认可，也潜移默化地影响了村民的生活。大家开始喜欢午后三两结伴来书舍里读书闲谈，并开始对传统老宅或新建筑的使用及形态和功能有了新的看法。

蒋山实践的出发点不同于现今的民宿式乡建热潮，它是源于村民最质朴的生活和文化需求，期于从根本处影响乡村的基因。在某种程度上，设计对建筑的社会意义的思考超越其形式，而对于乡村复兴的期望则在设计的实践中开始起步。

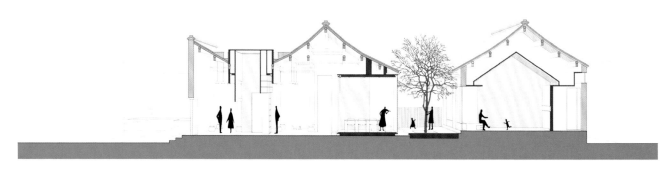

书舍剖透图

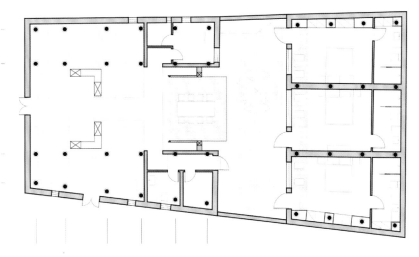

书舍平面图

木兰围场
Mulan Weichang Visitor Center

上海华都建筑规划设计有限公司（HDD）/设计单位　苏圣亮/摄影

引子：草原的世界

这是一个草原、牧民、动物、腾格里的世界。人类对于草原充满与生俱来的好奇与想象，这是一个自然与文明交融在一起的魔幻的世界。崇敬自然是原住民的天性，其精神对当代浮躁社会有重要的意义。草原的精神属性与中国传统文化属性相互融合打通，成为无数文人创作的沃土。

建筑：文化载体

作为最天然的建筑原型之一，牧民们建立的一个个圆圆蒙古包，散落在草甸子上，如同被岁月的流水打磨的卵石，千年如斯。双环圆则在中国传统文化中代表了吉祥如意。两者结合，形成了双环蒙古包这样一个独一无二的建筑图底。结合突出体块的几个石头块，拓展建筑室内的功能属性。同时蒙古包代表性的尖顶造型，却出乎意料地与中国传统的攒尖顶有共同的形式语言。因此建筑立面上与中国建筑史上独一无二的双环万寿亭结合，形成

了草原与中原的混血儿，也代表了满蒙汉三族的融合。突出的石头体块成为远眺景观的远望镜。这种文化之间的相互渗透和融合，却凑巧地与项目所在的木兰围场（中国唯一的满蒙自治县）的多民族氛围互为呼应。如果说传统的蒙古建筑体现的是对腾格里（MongkeTengri）绝对的崇敬（远远早于1933年利奥波德创立的大地伦理学），代表人如同芦苇一般生于天地间的出世思想。而中原传统的双环万寿亭则代表长长久久世俗主义的入世思想。出世与入世的结合也代表了人在当代这个奔流不息的世界上，精神与物质的双重追求。而这种结合来源于不同文化文明之间的交融与结合，互相学习与竞争。这种结合也代表中国的民族大家庭的互相融合。而恰恰也与本案的设计初衷所契合：成为社区活动中心，成为民族大家庭的客厅。

符号学：传统精神

自古以来的建筑形象功能就与符号学紧密的联

主持建筑师

张海翔

主要设计人员

姚奇伟、徐航、吴昊、李迪、李洪喜、

王婷婷、赵双

竣工时间

2017年

建筑面积

275平方米

主要结构形式

钢结构

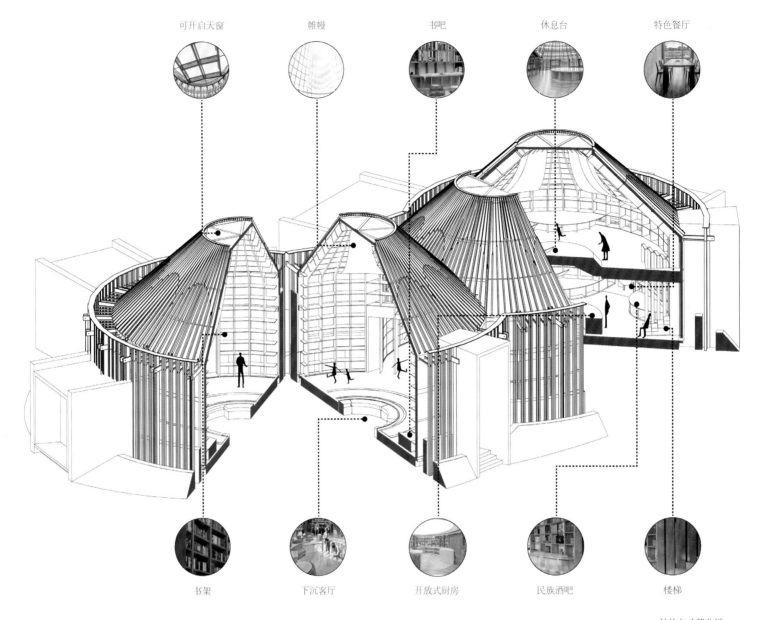

可开启天窗　　　　帷幔　　　　书吧　　　　休息台　　　　特色餐厅

书架　　　　下沉客厅　　　　开放式厨房　　　　民族酒吧　　　　楼梯

结构与功能分析

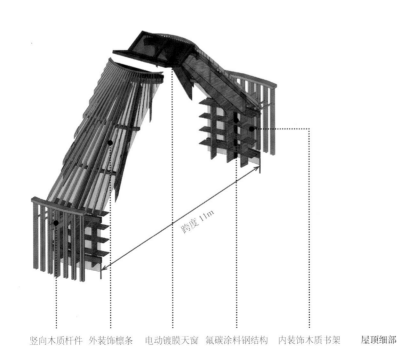

跨度 11m

竖向木质杆件　外装饰檩条　电动镀膜天窗　氟碳涂料钢结构　内装饰木质书架　　屋顶细部

系在一起。本案建造场所是一片大草原，如何建筑才能不违和地融入场所呢？我们试图从蒙古包中寻求灵感，其作为一种独特的建筑形式却是草原的图腾。我们以传统的蒙古包为母题，从平面、立面到装饰纹样，向传统精神致敬。平面上通过双环相扣的两个圆形共同形成公共活动区域，有效拓展了原有蒙古包的平面布局，同时通过突出的方体形成扩展的半私密空间。这种平面布局形式来源于传统的蒙古包，同时使得功能符合现代生活。在立面的装饰纹样上，结合了传统蒙古包的纹饰特点，通过粗细不一的木杆件组合，形成了充满特色的花瓣造型屋顶。室内空间则采用传统蒙古大帐的空间感受为灵感，通过纵横交错的木杆件，重塑蒙古大帐室内，同时体现出公共空间的围合性感受。

场所：在地属性

天地有大美而不言。场所必然与一个特定的地点相关。现象学认为，真理存在于事物自身之中，而艺

术作品的本质就是揭示或开启其中的真理。海德格尔的哲学理念引申为任何场所都有其潜在的精神，这是地域的神灵，罗马人称之为genius loci。在如此这样一个场地精神占据主导地位的建设地点，场地的属性远远大于建筑本身。建筑如何谦虚而有姿态地介入场地是最为重要的问题。木兰围场，位于河北省东北部，与内蒙古草原接壤，这里自古以来就是一处水草丰美、动物繁衍的草原，是皇帝举行"木兰秋狝"之所。动物、植物和风土占据着主导地位，成群的马羊随处可见。不同于城市中的建筑，这里的建筑有机地生长于场地上，同自然界的其他物体平等地生长。设计中主要采用三种方式将建筑消解于场地中。其一是通过地域性的传统建筑将其现代化的演绎，形成和谐而又有特色的造型，融入当地环境。其次是使用当地的材料构建，特地从当地找来了老木梁、老藤条和毛石块形成主要的建筑立面。最后通过周边环境的构造，在大环境中形成微地形，将建筑锚固入场地中去。

功能：由外到内

建筑主要由中间的双环大厅为核心，放射式连接周边的几个方体空间共同组成。中间的蒙古大帐主要是建筑的公共客厅，同时也提供了社区公共图书馆的作用。二层为孩子提供了活动的空间。向外突出的几个方体形成了观景窗口，提供了次要的休息空间与场所。主厅是整个建筑中最为重要的空间，其设计灵感来源于传统的蒙古大帐，通过内部书架结构的纵横交错，形成了具有符号意义的经纬线，重塑了现代意义的蒙古大帐空间。同时这也将成为未来的社区图书中心，当地的孩子可以到这里来看书和活动。通过客厅中心的下沉式座位，一起做活动，向心式的设计很好地契合了这个功能。海德格尔多次提到"伫立于此"，这四个字有重要的意义，它说明了建筑在特定地点的特殊要求。而在本项目中，场地自身得天独厚的自然优势就是确定我们建筑功能的出发点。从双环蒙古包主体中探出的各个景观视口指向了大场地中各个风景和小场景中的各种重要

节点，比如山谷、森林、河流、羊圈和篝火坑等。依据视线方向决定室内的功能这种手法，有别于传统建筑的手法，这是一种由外到内的设计手法，使得每一个室内空间都可以充分享受到场地的优势。厨房设计为开放式的空间，通过一圈环状的灶台组织空间。其正上方为一个圆形的拉膜发光吊顶。这个开放的厨房空间强调共享协作的概念，通过开放的姿态邀请使用者共同参与厨艺活动。餐厅则占据了一个外凸的方体空间，正对着场地中的土豆田。内置一张可供8人共同使用的大餐桌。

建造：传统与现代的混合体

建筑由内部的双环大厅、外凸的方体、最外部的木质遮阳百叶共同组成。其中双环大厅的内部由钢结构组成，围护结构为三层low-e中空玻璃。外加的木杆件搭接于主体结构之上，形成了外遮阳的同时也是建筑的重要造型组成。

建筑外部木构节点主要体现了建构的真实性。木杆件与杆件之间采用钢螺栓固定连接，形成了双木柱的效果。建筑屋面的外遮阳的造型通过不同粗细的木杆件结合共同组成。室内的通高书架结合主体钢结构一体化设计建造。形成了由内而外的统一的有机整体。建筑中采用的毛石、老木梁和藤条均取自于当地。毛石来源于距离场地10千米的一个废弃的采石场，我们选用了已经散落在场地的毛石建成了毛石墙面。老木头是从周边乡村的正在拆除的老民居中收购而来。手工编织的藤条吊顶则是住在我们场地边的生产队李队长亲自编织而成。这些当地材料的选用不仅确保了可持续发展的理念，同时也将当地灵魂注入了建筑。

由于游牧民族的特性，传统的蒙古包有马车或者牛车运输预制的杆件到现场通过人力组装。而本案设计中，建筑的主要构件均由工厂预制好的组件到现场拼装组装完成，尽量减少了现场湿作业，以保护草原为最高的原则。

融入大地的景观

在景观设计中采用了微地形融入大地形的特点，在建筑的周边设计了起伏的微地形，使得建筑可以更好地融入草原环境。同时在微观尺度中控制人的活动，引导人的方向与空间感受。在微场地中活动的人可以获得不同于广阔草原的空间体验。通过控制微地形形成起伏的草坡，一个通透的玻璃顶飘浮其上，形成了魔幻现实主义效果。观星阁的玻璃顶提供了夜间草原观星的绝佳点位，通过其抬升的室内地面，使用者可以躺或坐，观看斗转星移。同时观星阁的外立面采用了镜面材质，反射出周边草原的景色。

主持建筑师

李涛

主要设计人员

陆洲、李龙、孔繁一、申剑侠、
虞娟娟、龙可诚、黄名朝、
王纤惠、张杰铭

竣工时间

2018年

建筑面积

1687平方米

湖北，孝感

庭瑞小镇斗山驿文化会客厅

Dou Shan Yi Culture Reception Hall in Tingrui Town

UAO瑞拓设计／设计单位　本末堂、赵奕龙／摄影

缘起

项目位于湖北省孝感市，场地是典型的江汉平原的丘陵地形。

在项目伊始，设计师在考察地形后，将建设的基地选择在与乡道对面的水塘边，希望从高速下来的车辆，在拐进这条两侧种满意杨林的乡间道路后，第一眼可以远远看到建筑的全貌，从而形成一个对景的关系。

相地

在方案构思阶段，设计师多次往返现场，发掘基地的特质；阶梯型田埂成为设计的一个被刻意强调的自然要素，主创设计师李涛将一个长条形的体量搁置在水塘边的三级田埂高差之上，刻意保留的1500毫米高差自然就形成了建筑室内或内庭院的两级空间。这个高差同时成为建筑外部形象的直接反映——坡屋面：较低的临水屋檐一侧，自然对应的

较低的田埂一侧，檐口高度4米；较高的屋檐一侧，对应较高的田埂一侧，檐口高度6米；而内部高差的处理，在不同空间里有着不同的表达方式，客观地反映出空间的功能和节奏。

水平线

临水一侧屋檐高度4米，建筑总长度104米，长度和高度的比例关系形成了本项目的最大特征：建筑仿佛趴在水塘边，形成一个低矮水平谦虚的形象；同时，主体建筑平行于乡道，从乡道望过去，多条水平线集聚：乡道的护栏，水塘的边线，建筑前面的几级田埂，建筑的临水一侧的檐口线，建筑高侧的檐口线，内院及入口长廊的屋顶水平线，以及建筑屋顶的观景平台的水平线。这些水平线强化了江汉平原丘陵地形的特征。

场地漫步

如前所述，项目选址在乡道隔着水塘的一侧，

来拜访的游客，会在乡道的意杨林空隙里第一眼瞥见建筑完整的正立面形象，长且低矮；继续拐进项目的入口道路，会以一个45度角看到建筑的全景，拉长的线条带来透视感的收缩，加强了建筑的长度和水平观感；然后沿着田埂，步入长廊，到达入口门廊，才能拾级而上到门厅。或者是穿过门厅，看到建筑的较高立面的一侧。

漫步带来建筑不同的观感，但也会发现这个建筑并不存在一个传统设计意义上的"主立面"，犹如柯布西耶的萨伏伊别墅，没有主要立面，也没有去强化入口形象，这是设计师的刻意为之，也是回应江汉平原这种平坦场地的无方向感。

内部空间节奏

在统一的大屋面下，设计师组织了五个盒子，两个内院，三段长廊，一段直跑楼梯，以及这些实体盒子与屋面围合的"剩余空间"，共同形成了一

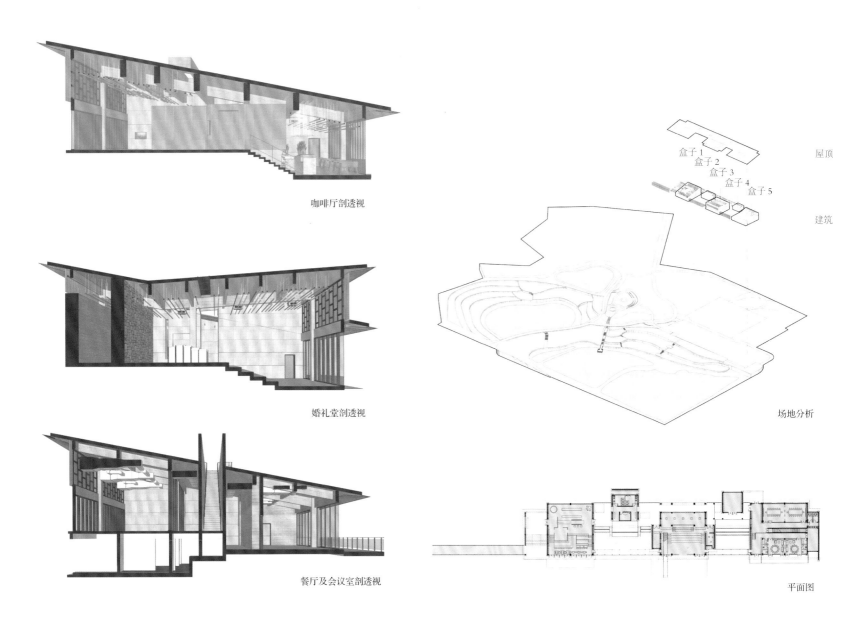

咖啡厅剖透视

婚礼堂剖透视

餐厅及会议室剖透视

场地分析

平面图

个外部形象克制，而内部尤其丰富的游走空间。五个盒子遵循着大、小、最大、小、再大的尺度节奏。

游走在五个盒子之间的"剩余空间"，也因为屋顶与盒子的高低，内院与外部稻田的大小，视线的贯穿与遮挡，以及坡屋顶开洞与密实的对比，形成不同的节奏。

高差决定空间功能

如前所述，建筑的横剖面是以田埂的1500毫米高差为依据来设计的，五个盒子与这个高差的关系顺势成为室内空间的设计手法，同时高差也决定了室内的功能。

第一个盒子，高处是展厅，临水一侧低处是咖啡厅，两者之间的高差成为咖啡厅的四人卡座区，高差之间还植入了一个小盒子，它是高处的影音室，又是低处的咖啡吧台的背景墙；第二个盒子封闭的一侧

是卫生间，开放向内院的是化妆间；第三个盒子是婚礼堂，借助高差自然形成了观众坐席；第四个小盒子是接待厅，第五个盒子高处是会议室，低处临水是餐厅，两者的高差被中间插入的直跑向屋面平台的楼梯所截断，把开放和私密两种空间性质直接分开。

景观自然最大化

每个盒子的开窗，遵循着将外围景观限制与强化的目的。咖啡厅、餐厅和婚礼堂开窗均面向水塘，处于向自然开放的状态；尤其婚礼堂，落地窗扇可以完全打开，与室外的无边界水池一起，与水塘的水面融为一体；化妆间和接待室则面向内院，处于一种半开放的状态；而卫生间的落地窗面向一面当地毛石砌筑的景观墙，既达到开放景观的作用，又保证了私密性。

向上的天台

所有对景观的观看的方向，得到设计师刻意的

控制；当游客经历一切水平的景观观感之后，会来到最后的直跑向天台的楼梯，两边清水木纹混凝土的高墙，裁剪出线性的天空，它是建筑水平感的一个反转，也是一个升华。

一体化设计

本项目的设计不仅是单一的建筑设计，还是UAO从规划开始，综合建筑、景观、室内等一体化设计的一个尝试，规划合理组织了场地的竖向和交通的流线，景观保留了稻田的肌理；改造了原有村落的打谷场，形成一个篝火广场，并依托原有地形和树木，梳理出新的植物空间疏密关系，使得到达建筑主体本身的过程成为一种期待；建筑依托田埂高差的逻辑，使得室内设计水到渠成，空间节奏贯穿始终，后续的室内深化，更多考虑材料的搭接和收口，室内外的空间和质感保证了统一。

主持建筑师
张斌、周蔚
主要设计人员
李姿娜、刘晓宇、张吉昊、谢兆荣
竣工时间
2017年9月
占地面积
235平方米
建筑面积
130平方米
主要结构形式
钢木混合结构

中国，上海

望江驿

River View Service Station, Lujiazui, Pudong, Shanghai

致正建筑工作室、上海思卡福建筑工程有限公司（合作设计）/ 设计单位
吴清山 / 摄影

　　"望江驿"是上海浦江两岸贯通工程东岸陆家嘴北滨江段的一处服务驿站，为市民提供休憩空间和公共卫生间。驿站位于由临江的跑步道和内侧的骑行道所限定的狭长的堤状滨江绿地内，由一处现存的地下车库楼梯间出入口扩建而成。场地高于城市道路2米以上，且北面临江侧比南侧略高，周围经年成形乔木甚多，如同一片小树林。为了平衡一个月的极短工期和我们对于完成品质、空间体验的最大诉求的矛盾，并且兼顾施工场地局促以及控制车库顶板上的结构重量等问题，我们采用了以胶合木结构为主的钢木混合体系来快速建造，工厂预制化率较高，现场基本为环境影响很小的干作业施工。

　　由于所在场地背靠陆家嘴连绵的摩天楼群，隔江与老外滩及北外滩对望，是上海市中心的一处关键性公共空间，这一微小的驿站给了我们机会来探讨超越其自身尺度的建筑与风景的关系。我们希望驿站在以平易近人的氛围服务市民的同时，更能够强化这块场地自身的特性，从而让建筑有机会成为风景的放大器。"望江驿"这一命名正凸显了驿站的双重诉求。

　　驿站分为东西两个部分：东侧是相对封闭的公共卫生间；西侧是和车库楼梯间结合在一起的L形休息室，面向外滩的北、西两侧都是落地玻璃和休息平台，北侧的望江平台靠着驿站外墙设有长凳供市民小坐。这两部分之间是一条穿越建筑贯通南北的有顶通廊，连接南侧较低处的骑行道和北侧较高处的望江平台。驿站方正的平面轮廓和相对复杂的半螺旋直纹曲面单向檩条木结构仿铜铝镁锰板屋面形成了鲜明的对比。从临江侧看，驿站像是一个微微架空在场地上的出檐深远、屋顶轻盈起翘的大凉亭。整个北侧的反坡屋檐下呈伞状的放射形布置的木檩条成为视觉焦点；檩条汇聚处自然形成一个三角形的天窗，一半在休息室内，一半在通廊上，将幽暗的屋顶深处照亮，强化了空间的

进深感。从南侧骑行道看，驿站的屋顶被分为高低不同、但都向内倾斜的东西两半，特别在正中的西段楼梯间角部的屋顶被压到接近视平线的最低点，而且屋顶仿铜板延续到了西段的南侧立面上；这种特意压低的尺度和屋顶与立面的连续性加强了背江面的进入感，将人由居中的通廊引向江景。人们由骑行道穿过狭小低矮的通廊拾级而上，屋顶在配合身体的运动渐次升高，原来通廊尽端外的密集树冠在视野中缓缓上升，冲破北侧高敞的屋檐；站在望江平台上豁然开朗中视线向下，透过底部的树干，江面在粼粼波光中水平向展开，与江边或散步或奔跑的人影共同构成流动的风景。两侧身后廊下的长凳会吸引人们安坐下来，悠闲地观赏江景。此时人们只能看见闪烁的江面，对岸的城市隐在树丛之后，有一种特别的宁静之感。当然，当人们走下平台，顺着树丛中的汀步蜿蜒下行，就是跑步道和亲水平台，在那里，浦江两岸壮丽的城市天际线一览无余。

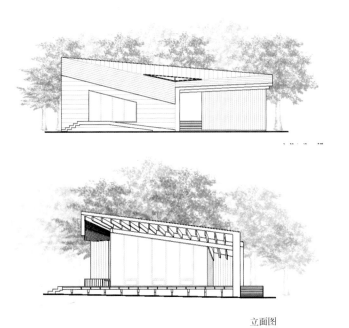

立面图

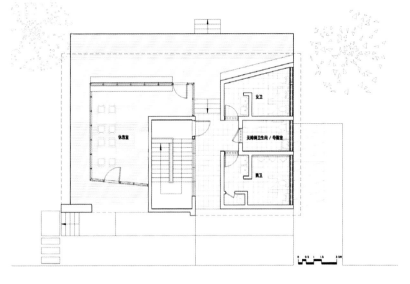

剖面图

主要设计人员

宋晔皓、孙菁芬、褚英男、解丹、
陈晓娟、于昊惟

竣工时间

2017年9月

建筑面积

150平方米

安徽，宣城

尚村竹篷乡堂
Village Lounge of Shangcun

SUP素朴建筑工作室、清华大学建筑学院 / 设计单位　夏至 / 摄影

尚村竹篷乡堂项目是中国城市规划设计研究院、清华大学、北京大学等多家单位组成的传统村落保护与发展团队，受安徽省住房城乡建设厅委托，尝试以陪伴的方式，探索具有可操作性、契合地方民情、融合多方力量的传统村落保护与可持续发展路径的一个启动项目。

项目背景

尚村位于安徽省绩溪县家朋乡，自唐末各士大夫迁入以来已有千年历史，是如今皖南罕见的"十姓九祠"千年传统村落。随着城镇化的不断推进，传统村落受到了严重冲击。尚村现有产业结构单一、村民收入较低、人口外流严重、"老龄化"现象严重，村落发展的动力不足。古建民居由于自然与人为因素面临损毁、老化与被遗弃的局面。

尚村亟待对村落进行整体的保护规划，并对其未来发展做出有效指导。策划及规划团队在村落保护规划过程中，选定了高家老屋作为村民公共客厅，希望以建筑团队的改造项目为契机，循序渐进，开展村庄人居环境整治、产业提升发展、传统风貌保护与民居修复等工作，逐步建立尚村保护与发展的长效机制，以引导尚村实现未来的可持续发展。

项目定位

项目基址位于尚村前街的高家老屋。因年久失修，老屋主体已坍塌，仅留有部分外墙与老屋室内及天井的台基地面。本项目是将高家老宅废弃坍塌院落激活并加以利用，变废为宝，用六把竹伞撑起的拱顶覆盖的空间，为村民和游客提供休憩聊天、娱乐聚会的公共空间，兼备村民集会活动、村庄历史文化展厅的功能。与此同时，竹篷也可服务于游客，成为歇脚的餐厅茶楼。竹篷乡堂的建设成为村落有机更新的一次积极的尝试，也为尚村产业的进一步发展打下良好的基础。

核心策略

1. 古料新用，就地取材。动员村民清理原坍塌废弃场地里的建筑材料和杂物，将有用的如老的黏土青砖、青瓦、石头、未腐朽的木料等建筑材料收集作为项目的土建备料。并发挥当地石匠、泥瓦匠的传统手艺特长，由本地村民组成的土建施工团队与外请的专业竹构施工方一起合作，各施所长。

2. 变房为院，邻里互通。公共空间体系的改善，在与村民协商确认后，将堵在村道路口、村民后续加建且闲置的厨房拆除，并将老屋围墙局部打开，将原本封在围墙内的私宅院落变为村里人可穿行停留的公共节点，将原本局促的村路，疏通成村民共享的小广场。

3. 尊重肌理，适当加固。原高家老宅主体的楼板、结构梁柱均坍塌，只剩沿院落外围的部分墙体。这些墙体是老宅的历史与场所精神的体现，建筑师

大剖透图

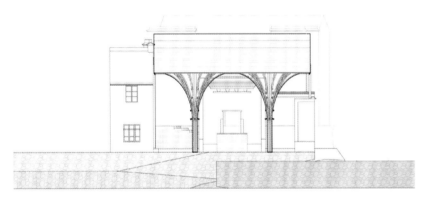

北立面

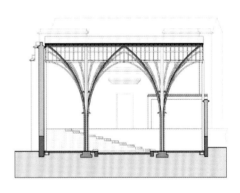

短剖面

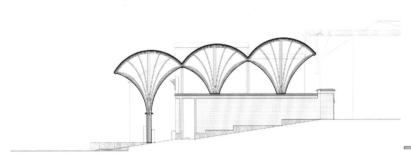

西立面

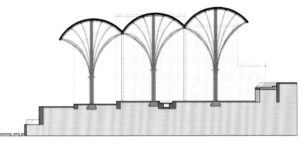

长剖面

希望在最大程度上加以保留。经结构工程师和当地工匠的鉴定，原墙体为空斗泥墙，塌陷后墙顶防水损坏、墙身浸水，二层以上的残留墙体出现较大变形，有很大的结构安全隐患，需进行加固。故结合竹篷的设计方案，将老墙的二层部分拆除，墙顶浇钢筋混凝土的压顶加固，并在顶部搭青瓦马头防止雨水渗入墙体。

4. 结竹为伞，融入自然。绩溪盛产毛竹，尚村周边的山上有大量竹林，很早就有用竹材做构筑物的传统，如田边的竹亭、竹篱笆等。为了在短时间内完成建造的村落公共空间的更新项目，我们选择了竹子作为建筑的主体材料。在设计中，为了减少对老宅场地的干扰，采用了单元化组合建造的设计思路，以便在短时间内用更少的材料，实现大空间的整体效果。同时竹篷不是一个如砖墙和混凝土一样的永久建筑，不求作为永远的地标，可随着村子的发展、需求的更新、时间的推移，在使用多年后拆解回收。

空间组织

场地清理后，外墙和地面基座的铺装，清晰地呈现出高家老宅原有的院落布局。门头后的天井小院，天井院里的排水明堂，天井院南侧的主屋正房，两侧的厢房……台基、柱础、明沟轮廓，院落的布局能读得一清二楚。故设计中保留了老宅原来的重要象征"高家老宅门头"，沿用了老宅院落原有的中轴线，同时在铺地处理时保留了柱础石和台基石的原位，让人能隐约辨认老宅的格局。高家老宅的门楼，将竹篷空间，自然地分成了内外两部分。门楼外的部分，更具公共属性，和竹楼前平台广场，成为村路系统的一部分，既是村里的交通动线，又是村民可驻足交谈和自由娱乐的场所，靠着门楼外侧，乡亲们无论闲聊还是K歌，都能聚人气。门楼内的部分，是相对内向私密的场所，可以摆乡宴，社团议事，办小餐厅，放电影。凸字形的明堂，又将内部空间分出前后：靠着门楼的凸字形明堂是前场，是乡宴时的舞台、社团议事的发言前台、放电影时的投影

屏幕；明堂以外的空间是后场，是宾客区、观众席。

竹构体系

六把竹伞，三组乌篷，建构出一处乡民与游客可共享的竹篷。竹伞的结构和圆拱乌篷的组合，起初来自于简化建筑屋面构造、缩小建筑屋顶尺度的尝试。村内传统民居小青瓦坡屋顶的进深一般在5~6米，每组拱篷的跨度，刚好与之相近，从山顶看，完全融入了民居的尺度里。由北向南逐渐升高的拱蓬既贴合了地形的变化，也提供了观赏南侧毗邻的徽派宅院的视角。

现代工艺与传统手艺

竹建筑最大的难点在于竹子的耐久性，故本项目采用现代竹构工艺。不仅对原竹处理，实现防腐和防蛀；而且施工中借助竹与钢构建的插、栓、锚、钉、绑等现代的建构方式，加强竹结构的稳定性和整体性。整个建造过程在引入现代竹构的同时，

改造前：衰落的庭院　　　　　　改造后：日常使用　　　　　　改造后：用于乡村宴会　　　　改造后：用于播放电影和表演

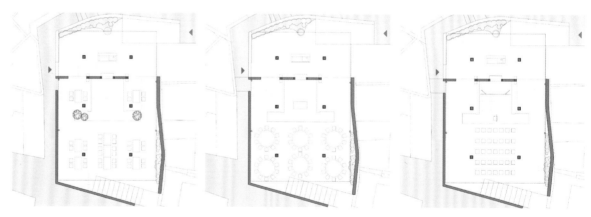

改造前后空间布局及多功能模式

也充分发挥了当地工匠传统建造的特长：如穿斗泥墙、马头墙的修补和加固；前场景观墙的石砌；砖石铺地、明沟砌筑、明堂木盖板恢复等，都再次运用了传统的工法工艺。这一过程充分调动了村民的积极性，让他们切实地参与到竹篷的设计与建造之中，既学习了现代的、科学的建造流程，又再现了传统工艺。竹构体系与传统的老屋的组合，不仅是新旧材料与新旧工艺的碰撞，也是竹伞单元所代表的开放空间与墙体所围合的封闭空间的叠加，是易建易拆的单元式装配建造与扎根本土的民居废址的拼贴式更新的一次尝试。

村民共建

村民的参与，是此项目中重要的一环。开始阶段村民负责清理场地，精准地从废墟中挑拣整理出耐用的老砖、青瓦、石板、木料，留下了丰富的回收利用材料。村民围观竹构团队的现场工作，看着他们精心的保养竹材、施工中认真细致的态度和对专业的现代工具的运用。所见所学都激发了当地工匠们精工细作的热情。当项目接近完工时，许多村民由最初的观望，变为积极的融入，参与到家具组装、场地清理布置、绿植栽种、细部装饰等工作中，真正成为了竹蓬的主人。

竹篷的建成和启用，是尚村村落发展的一个开始。以此为契机，推动了尚村经济合作社的成立，将村民团结凝聚到一起，为后续村里更多的乡建项目，如民宅性能的改善，特色民宿的改造，村落景观、基础设施的完善，文化活动旅游项目的推广，都有积极的意义。

主要设计人员
张利、窦光璐、王灏、白雪、温子申、
李聪、潘子豪
竣工时间
2017年
建筑面积
4700平方米
主要结构形式
钢框架与混凝土剪力墙
工程造价
人民币 3500 万元
景观设计
宝佳丰（北京）国际景观规划
设计有限公司、
清华大学建筑设计研究院简盟工作室
照明设计
清华大学建筑学院张昕工作室

河北，秦皇岛

阿那亚启行营地
Aranya-Idea Camp

清华大学建筑设计研究院简盟工作室／设计单位、摄影

阿那亚启行营地项目是中国磅礴前行的中产阶级化进程的具体案例。或许是城市财富的积累，或许是多元文化的培植，或许是基础教育的反思，或许是群体情怀的推动，也或许都是，导致了这类以剩余资源和闲暇时间为基础的项目的出现。这类项目作为微观载体参与城市人群逸居生活方式的定义，融汇了诸如自然、团队、冒险、独立、好奇心等一系列青少年假期教育的理念。而引导中产阶级情怀的开发商品牌阿那亚与引领青少年营地培训的教育品牌启行的碰撞，更为这一项目增添了一丝令人期待的基色。孩子、自然、社区与闲暇，甜蜜如斯，本应易如反掌，至少有大把的优质答案可循。然而无论开发者、教育者还是设计者都不想满足于循规导矩——而且这数千平方米体量的建筑具备临时建筑的身份，故有一定的实验与容错能力——想象、揣测、假说、争论成了设计决策循环中最令人记忆的部分，而设计乃至建造的成果，也势必是一个开放的答案——它解决问题，同时也提出问题。设计

这一项目是一次密集的心智体验。在竣工并试运行两个月后回过头来看设计过程，是一次验证与纠错的逻辑梳理。不难发现，在整个设计与建造的过程中，建造者、运营者和设计者都在热情洋溢的状态下分享着无知、好奇与执念，也都经过了期待、振奋与再思考的过程。所谓无知，指对开放式青少年活动的数据与知识积累的不足。所谓好奇，指对突破标准课后教育常规进行尝试的渴望。所谓执念，指在已知条件不足的情况下，通过补偿性预设来建构建筑空间逻辑的策略。这三点共同作用，达成了阿那亚启行营柔性教学计划与不确定性建筑空间的组合。我们可以从三个方面来梳理这一无知、好奇与执念交织的设计：空间原型，身体，材料。

空间原型

多进院落是传统的寄宿式学院（校）的空间原型，东方的书（贡）院与西方的修道（学）院中均有早期应用。阿那亚启行营地诠释这一原型，并且使

用了简单的二分法双院：一动一静，每个约为50米见方，在一起组成日字形的布局。为了在传统院落的屋顶与地面之间进行某种模糊化，同时也为柔化矩形建筑体量与周边沙丘的关系，设计使用了一条连续的坡道对日字形原型进行了几何变化。其在平面上如同一笔画：始于日字形左竖与中横的交点，继而向下、向右……直至描绘完所有笔画，于日字形之外收尾。其中垂直方向上则是先连续上升再连续下降，起于地面，收于地面，中间于两个院落之间的边界达到最高点。营地运营者希望在封闭管理与亲切自然之间取得某种平衡，这一"出格"的日字形在几何逻辑上对此是一种回应。大坡道既是平面上院落空间边界的确定者，又是三维空间中环绕院落的连续移动性的提供者，其上及其下与功能体量之间形成了大量不同尺度的"冗余"空间。正是这些空间的不确定性为建筑的使用活动提供了特殊的机会。我们在设计时非常期待看到这条坡道的多种使用方式，试运行的结果令人喜忧参半。院落

周边与宿舍顶部的空间得到了较高的人气，动静、公私皆有呈现。而收尾处引向地面的直线坡道则遇到了角色定位的困难——这一在建筑的最初选址中直通沙丘树林的收尾部分，在最终选址中变为引向周边社区的休闲步道，并考虑了安装亲子大滑梯的可能。它虽然为社区的人沿坡而上观景提供了机会，但与营地教学时所希望的封闭管理有明显矛盾。目前，虽然这条坡道究竟是否向社区开放仍然是与建设者、运营者讨论的话题，但无论如何，利用此坡的特殊性增设亲子活动设施是被大多数所接受的。两个院落性格迥异。"动"院尺度大，水平性强，适合较大群体或众多群组的公共活动。在椭圆形草坪的一角种植的一株蒙古丛生栗提供了此空间所需的所有竖向景观线条。在试运行中，集体街戏、草场足球、木工及自由的追跑打闹在此纷纷得到发挥，唯一令人扫兴的是草皮内于海边气候下生长起来的疯狂蚊子。"静"院尺度较小，沿垂直方向分成两个部分，下部为教学空间提供向心力和光线，上部为围廊式宿舍提供聚落感。虽然在后者之中我们看到了围廊上预期的邻里气氛，但在物理性能上遇到了明显的问题：对海边湿润的对流空气来说，直接对外开门的房间在抵御潮汽方面是薄弱的。试运行中的情况证明在此需要更多的密闭和防

潮措施。支撑建筑庞大的灰空间体系的柱子有数十棵，它们分成两种：一种是位于大坡道的边界沿线的，如同日字形一笔画的虚线，有几何边界描绘和结构双重作用；另一种是仅具结构作用的。为了满足按计划开营的需要，这些柱子放弃了使用最初的混凝土结构而是采用了钢结构。无论如何，在抗震地区使用高长细比的柱子支撑上人屋顶是件毫无浪漫可言的事，其较大的断面对试图强调连续坡面的延展性的设计来说永远是挑战。我们对第一种柱子使用了菱形布局的组柱，以期其重叠的垂直线条可以弱化其感知宽度。有观者曾认为这是对哥特修道院柱廊意象的再现，这超越了设计的初衷——即使有类似，也是下意识的而非主动的。身体对身体的回应在传统上并不是我国教育建筑的长项。虽然建设者、运行者和设计者对这一问题都有着同样浓厚的兴趣，但我们所面对的是从幼稚的少年到初成的成年人身体的巨大跨度，以及除中小学标准体育设施数据之外的信息空白。因而，对让孩子们"玩儿"起来的热情和再次的相对无知交叉到了一起，形成了一种基于如下假说的探索：我们能提供越多的水平与垂直尺度，以及越多的身体移动速度的可能性，孩子们就能"玩儿"得越"嗨"。

身体

阿那亚启行营地从四种身体的状态来组织必要功能之外的不确定性空间：坐（卧）、行、攀、立。

坐（卧），指广义的将身体大面积地向承载重力的水平面接近。在营地中，利用两个带状水平面35～50厘米的高差而形成的"坐"空间普遍分布在建筑各部，特别是前面的"动"院里。一层教学空间正面朝向大院落方向有一个距地40余厘米的带状混凝土出挑，既是活动时的舞台，也是闲暇时的落坐；大院落椭圆形草坪的周边一样是一条30余厘米的出挑，亦有同样作用；最具人气的"坐"空间则出现在建筑朝向南部沙丘和东部绿地的坡道下部，此处支撑坡道的混凝土挡墙中分别开出了8米以上的巨型水平"飘窗"洞口，既有"窗"外的风景，又有穿檐的微风，其加宽的40厘米"窗台"自然成为了人们喜欢坐下的场所。

行，指以可控的速度沿水平向或斜面向的移动身体。在阿那亚启行营地中，让孩子们在安保边界内跑起来是一个基本的想法。大院落中椭圆草皮可实现孩子们在平地上的最大速度，试运行中追跑与加速带球活动集中于此。连贯的大坡道类似一架静

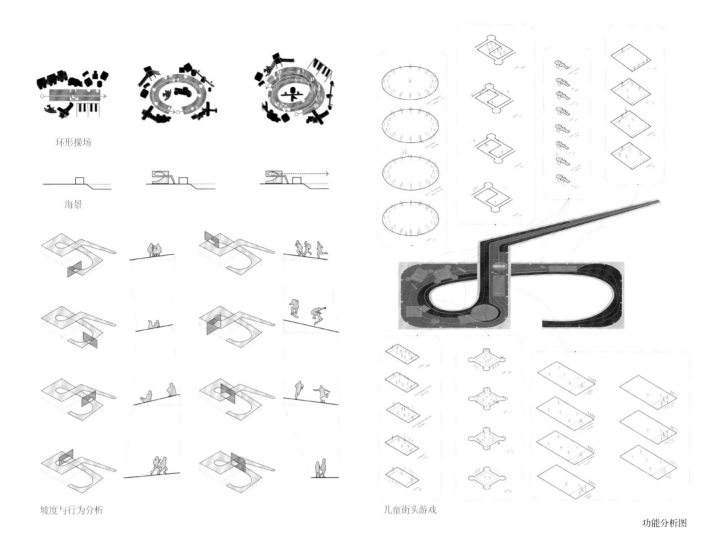

环形操场

海景

坡度与行为分析

儿童街头游戏

功能分析图

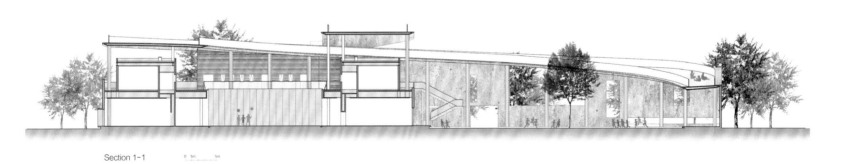

Section 1-1   0 1m   5m

剖面图

RECREATION ■ 休闲服务

止的跑步机，可以提供正负1:4至1:10之间的不同坡度，为孩子们上下坡的游戏活动提供支持。如前所述，坡道收尾处的直线部分接受了不少的质疑，这一被戏称为"立交桥"的长坡本是安放亲子大滑梯的最佳场所，可以实现连续的变速滑降；但在滑梯就位以前，肯定显得过陡过长。在试运行中，我们预期的跑满建筑坡道全程的上下坡活动并未出现，而更多的是局部活动。运营者对此也正在发动团队智慧，试图设计出充分利用这条大坡道的游戏。此外，如前所述，大坡道是具有在营地无营会期间向社区开放的可能的，当然那时已是服务于周边社区人的休闲步"行"了。

攀，指沿垂直界面克服重力向上移动身体。在阿那亚启行营地中，大坡道收尾部分由数片剪力墙支撑，高度从10米逐渐下降，其中较高的两片已经安放了攀岩设施。这部分的活动方式比较明确，也更常规。

立，指群体集结时身体在人群中选择自己位置并停留。在阿那亚启行营地中，立、或集结的空间主要分成三种：大人群的，小人群且正式（或准正式

的），小人群且非正式的。其中，大人群的空间是完全开放的，集中于多用途的大院落，教学空间正面出挑的"舞台"和椭圆草坪角落的丛生栗定义了空间"演"或"观"的基本角色。小人群且正式的（或准正式的）"立"空间位于大院落草坪的周边，坡道的下方，有遮蔽，高度在4米至8米之间，混凝土地面与多洞口挡墙配合形成了可划分、可标记的小型集结场所，在试运行期间大量地用于分班分组的游戏或集会。小人群且非正式的"立"空间位于宿舍区顶部、大坡道最高部分之下，有遮蔽，有穿堂风，高度在2~6米之间，在试行期间因为凉爽亲切而颇受欢迎，成为分班户外游戏的主要场所。

材料

阿那亚启行营地在建筑物上使用了两种主要材料：混凝土，用于所有的教学和公共活动部分；木，用于宿舍部分。混凝土的选择是在设计的早期就确定的。当一笔画的大坡道成为建筑的主要定义者后，混凝土就成了唯一可行的选择。阿那亚的施工团队由勤劳的当地人组成，虽然他们没有参数化加工或BIM之类的可吹可擂的先进技术，但他们在阿那亚数座个性建筑的施工中，练就了一套成熟的素混凝

土工法。对于大坡道的连续变化曲面，模板工不厌其烦通过手工切割和支护，加上搅拌工严格均匀的振捣，使混凝土部分的施工效果超出了预期。诚然，这种手工为主的施工难比机械预制的精确与光滑，但其朴素与诚恳却是这一建筑最需要的性格。在试运行期间，所有的师生都对这一素混凝土体量的纯朴表示了由衷的认可。碳化木挂板的使用主要是为了使宿舍区得到软化。海风对碳化木表面的侵蚀作用迅速，在试运行两个月期间，不同碳化程度之间的木色差异已经大为降低，达到了比预期效果更微弱的程度。不同厚度木板搭配所形成的随机阴影在一定程度上加强了宿舍外墙的温厚感。宿舍室内曾被认为是"最适合孩子居住"的木地板则被证明是不现实的选择，在经历了两个月的潮汐浸润之后，其状态不容乐观。原本反对瓷砖的运营者现在也转变了思路，气候的力量显然比情怀大得多。总的来说，正是因为前述的无知、好奇与执念远未结束，阿那亚启行营地的设计也并未因其竣工与试运行而结束。它进入了一个新的阶段，即在建筑的生命周期之内，与建设者、运营者与使用者一起对建筑空间的再认知与适应性优化。

主持建筑师
韩文强、黄涛
主要设计人员
张富华（结构顾问）
郑宝伟（水电设计）
竣工时间
2018年2月
建筑面积
约530平方米
主要材料
镜面不锈钢、印刷玻璃膜、
透光砖、橡木板

中国，北京

叠院儿
Layering Courtyard

建筑营设计工作室 / 设计单位　清筑影像/骆俊才、金伟琦 / 摄影

　　"叠院儿"隐藏于北京前门附近的一片传统商业街区之中，占地面积约500平米。原建筑是一座颇具民国特征的四合院商业用房。与民宅相比，这里的房屋较为高大。南侧沿街是一排拱形的门窗，北侧的房屋则建有两层。在本次改造之前，房屋结构均被整体翻建过，院内并没有门窗和墙壁，裸露着粗犷的木结构梁柱。据说这里在民国时期曾是青楼，建国后又转变为面包坊，翻建之后就空置下来。建筑未来的使用被设定为兼有公共活动与居住的混合业态空间。因此，本次改造在提升建筑质量以及基础设施的同时，重在创造基于胡同环境背景之下的特定场景体验，以吸引日益多元消费需求的城市人群。传统建筑的一个显著特点就是呈递进式的院落。在一座三进四合院当中，房屋的使用功能跟随每一进院而相应的产生变化，由外向内私密性逐步提高，人们由此产生"庭院深深"的印象。设计受到传统空间中"多重叠合院落"的启发，将原本的内合院改变为"三进院"，以此适应从

公共到私密逐级过渡的功能使用模式，并利用院落的逐层过渡在喧闹的胡同街区之中营造出宁静、自然的诗意场景。"叠院儿"重新梳理了新与旧、内与外、人工与自然的关系。首先局部拆除了南侧房屋屋顶，在室内空间与街道之间退让出第一层庭院，然后在南北房屋之间新加入一座坡顶建筑，并以两层平行的庭院将新与旧相互分离。三层庭院让所有的室内空间都能有竹林与阳光相伴。空间之间彼此分离又相互叠合，带有雾化图案的玻璃墙面犹如叠嶂一般，进一步强化了半透明感的空间效果，由此实现了由外至内不同空间场景和生活情境的叠合并置。房屋的使用模式跟随着三层庭院，自然产生由开放向私密的过渡关系。南房布置了接待、餐厅、酒吧、厨房、办公、库房等，是一个举办公共聚会活动的地方。原建筑木质梁柱结构被尽量保留下来，由新置入的两个木盒子服务单元来划分出不同尺度的使用空间。透过第一层庭院，原建筑拱形门窗洞和朱漆大门变成了"影壁墙"，在竹林的映衬下勾勒出真实

多彩的胡同生活剪影。中间的房屋被处理成一个弹性使用的多功能空间，既可以与前面餐厅合并共同使用，也可以独立作为展厅，或者与后面客房区合并作为休息区。这个新建的建筑体在形式上尽量考虑与两侧坡顶旧建筑在尺度、采光、距离上的协调关系。内部空间围绕一个线性的水景庭院展开，主要使用透明、半透明、反射性的材料和家具以弱化一个实体空间的物质存在感，营造有别于旧建筑的轻、透、飘的氛围，既映射又消隐于竹林庭院之中。北侧房屋是最为私密的客房区域。利用原建筑结构条件，一层空间被划分为四个房间。客房休息区与卫浴区利用材料的变化彼此分开，每间客房都拥有独立的竹林庭院，内外之间相互层叠掩映。二层则分为三间大小各异的客房。透过落地玻璃幕墙，视线掠过层叠的灰瓦屋顶和绿树蓝天，正是身居此处的最佳风景。所有客房均配置了人脸识别和智能控制系统，客人可以通过线上平台完成预约并扫码入住，让居住体验变得更加轻松和便捷。

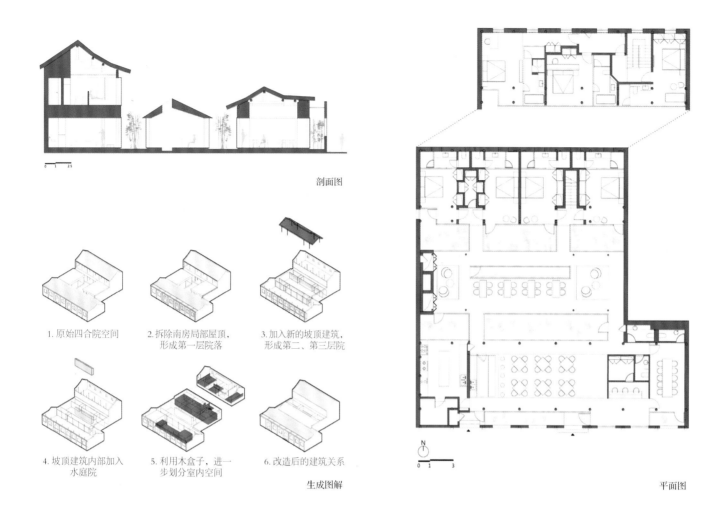

剖面图

1. 原始四合院空间　2. 拆除南房局部屋顶，形成第一层院落　3. 加入新的坡顶建筑，形成第二、第三层院

4. 坡顶建筑内部加入水庭院　5. 利用木盒子，进一步划分室内空间　6. 改造后的建筑关系

生成图解

平面图

云南，大理

吉姆餐厅·大理店
Mom Restaurant

阿穆隆设计工作室 / 设计单位　金伟琦 / 摄影

　　吉姆餐厅是以歌手赵雷第二张专辑中的一首歌命名。歌中的"吉姆餐厅"是我们常去的一家不起眼的穆斯林小馆儿，那儿有妈妈味道。"吉姆"在回语里是妈妈的意思。《吉姆餐厅》专辑封面是一棵树，它代表成长、生命、真实的扎根于大地上，巧合的是项目场地内也同样有一棵这样的树，我们将其保留并围绕它展开设计，外立面的夯土墙像是从地面生长出来一样，围合着庭院将人们聚集到一起，低矮的入口只有低头才能进入，象征着谦逊与谦卑，坐在院子里树下的矮凳上可以丢掉沉重与虚伪，留下的是真诚和质朴。

　　蹲坐是人类野餐时的本能姿势，这种"非正式"的用餐姿势，让人放松，进而拉近用餐者间的关系。蹲坐的视角，则给予用餐者看到平时忽视的"低维度"世界。西侧大面积落地窗，提供了室内良好的自然采光，室外大面积绿植为用餐者提供了更多视觉的乐趣。一层座位以舞台为中心向周围涟漪状散

开，有的三五成群，有的隐蔽独立，使每组座位都有其客人的专属性。

　　舞台部分设计较为灵活，观众可以进入或坐或站，让人与音乐自然融合。

　　一层通往二层的挑空楼梯，为了不占用有限的室内空间，将楼梯延展到室外，搭接覆以框架形式雨棚，不仅满足了功能上的需求，采用半透的阳光板在视觉上降低了楼梯的重量，使其变得轻盈而透明，让客人的视线集中在舞台上。增进动线流畅性，以雕塑感的形式隐于空间中。进出中模糊了室内外空间，让庭院与室内更紧密地连在了一起。

主要设计人员
阿穆隆、宋小有、刘宠
竣工时间
2017年12月
主要材料
夯土、木、钢

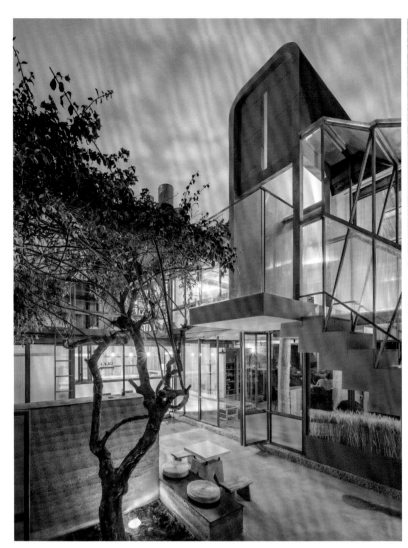

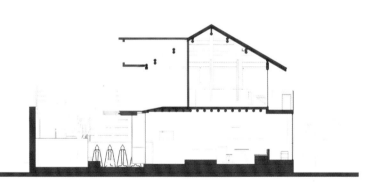

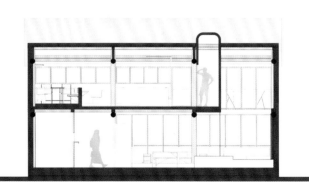

剖面图

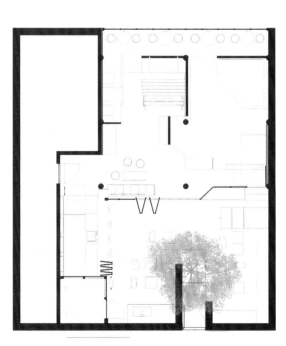

1 层平面图

主持建筑师
杨楠
主要设计人员
杨楠、陆云龙、吴怡、
高鉴（空间设计）
宋正伟、杨楠、彭敏、
陆云龙（方案深化设计）
竣工时间
2018年5月
占地面积
80平方米
建筑面积
164平方米
主要材料
镜面玻璃、亚克力

云南，昆明

深海咖啡馆
Deepsea Coffee

王一翔／摄影

地理位置及周围环境

项目位于云南省昆明市盘龙区张官营路滨江俊园片区，滨江俊园是曾经的张官营村及张官营旧货市场，是昆明二环内最大的城中村之一。现在通过城中村改造，张官营片区已经是一个以居住为主的大规划城市住宅区。 项目周边交通便利，设有多条公交路线并且与地铁站仅仅10分钟步行距离。项目周边不仅有几个大的城市综合体，也有几个中小学、办公商务区，拥有巨大的年轻消费人群，满足打造一个全新体验咖啡馆的消费水平。周边传统、新兴的咖啡馆林立，为该项目提供了一定的竞争压力。项目位于公寓底层临街商业，之前是一家美容院，区位上来说并不是一个城市咖啡馆理想的位置，但业主很有信心通过一个好的设计与网络营销的方式创造足够大的人流量。

主要功能

一个创新型咖啡馆并不受传统咖啡馆的定义所约束，除去咖啡馆这一本身的定位之外，这个空间能够容纳不同的当代都市人群的休闲需求：就是这个咖啡厅并不定位于传统意义上的咖啡厅，而是一个集餐饮、展览、观影、聚会、交流为一体的小型社交空间。在这里，很多想到的和想不到的事情都可能发生，所以在空间属性上，我们并没有给出明确的定义。

设计理念

因为名字叫深海，所以设计师花了心思去思考到底"深海"是什么。不同于常规的思考和正常做设计时搜索参考图片的是，往往这样的设计都是带有蓝色的空间，但"深海"这个名称所带来的概念思考却是为什么深海是蓝色的？当你透过这层思考方式去搜索就会发现，海水之所以是蓝色，是因为天空是蓝色的（原理就不多说了），水体（空间）是透明的，所以蓝色是由光与材料本身所产生的，并非通过"设计"创造的。所以带着这样的逻辑，

整个空间的设计就很明确了，拆除原有的吊顶，往上用涂料做成蓝色的"天空"，下面的空间则使用带有反射性/透明性的材料——镜面、金属、亚克力、塑料等。当然好的是，业主也很认可这个设计概念，所以后续的完成度也就非常高了。

技术要素

设计上，我们借用蓝色的顶面定出空间的基本色调，其余的空间则选择：不透明—镜面反射—金属材质反射—半透明材质—材质漫反射—开窗引光—透明家具共同营造出波光海面的效果。因此在空间效果的营造上，对这几个部分的材质选用和做法成为这个设计的核心技术要素。

不透明材质：白墙使用了最常见的乳胶漆，地面则用了略带反射效果的白色环氧树脂。

镜面材质：大面积使用的玻璃增加了空间的延

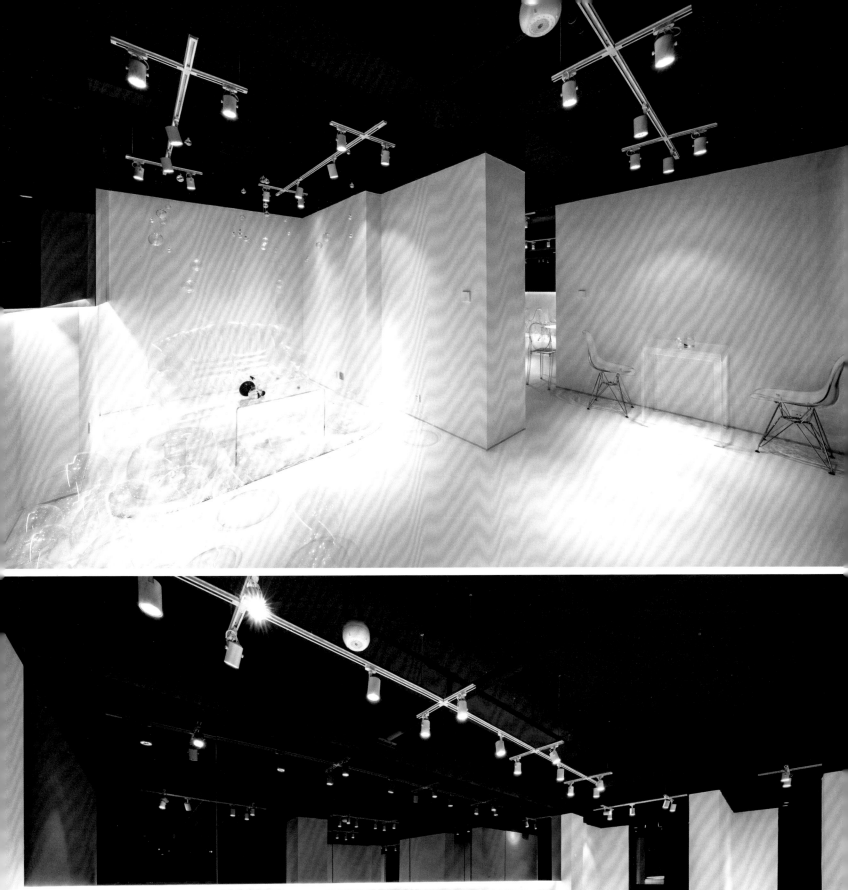

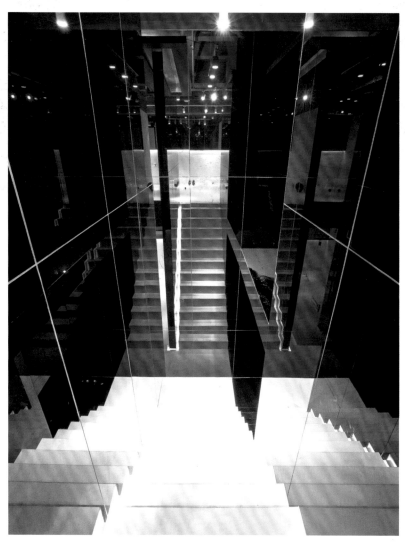

伸感和开阔性，而镜面的安装则通过多层板固定在墙面，并且镜面外边框则通过多层板开暗槽暗藏了LED灯带创造出镜面悬浮在空中的效果。设计中出现了普通的灰镜以及在楼梯空间部分为了强调反射效果而采用的蓝镜，楼梯空间的大面积镜面配合不同地方的光源以及蓝色顶面不同层次的漫反射创造出一种梦幻的效果。

反射面材质：金属拉丝铝板，用于材质交接处的封边、踢脚线、门、吧台等特殊属性构件部分。

半透明材质：设计之初在外窗玻璃上是准备使用玻璃贴膜，楼梯空间部分也准备使用半透明阳光板来突显一些空间的通透但却私密的效果。

透明家具：亚克力、充气塑料、玻璃为主的家具使得室内部分非常统一。

设计难点及解决方式

这个项目中最大的困难应该是如何在有限的预算中，实现一个与众不同的"深海"的效果。最大的成就感应该也源自能够克服预算的限制，做出预期的设计效果。建筑师的经历让我们可以更多维度的去思考解决不同设计细节的方法，比如不局限于材料原本被给予的属性，而是去探索它们可以被转换的属性，从而达到更佳的效果。

楼梯空间：依据设计之初的效果图应该是用阳光板在楼梯中心创造一个通透的发光体，并配合镜面呈现出不同深浅的蓝色效果。但由于阳光板的耐久度和硬度无法满足一个商业空间的安全要求，增加结构或者增加厚度的选择则会大大增加施工预算。因此在和深化设计团队、施工队沟通后，我们准备换成蓝色镜面来重塑另外一种楼梯空间的效果。

材料与家具的挑选：原先以为透明的家具会超值很多，后来发现在淘宝上已经可以满足大部分的家具选择。加上透明类型的家具除了亚克力椅子之外，我们也选择了充气的沙发以及玻璃茶几等类似的产品。只有咖啡厅的桌子在联系了许多厂家和店家之后发现都无法找到合适的，最后业主带着设计找到了昆明本地的一个亚克力家具厂商以合适的价格定制了整个咖啡厅内所有的桌子。

施工沟通：由于这是异地项目，我们不能随时去现场监工，及时解决问题，很多施工的沟通都是通过照片、网络上的沟通进行解决，因此，施工的完成度和预期还是有一些差距，例如瓷砖选择没有达到预期的纯白效果，地面初次施工时的米白色环氧地坪铲除后重新施工，吧台部分白色石材替换成拉丝金属等。但能到最后这样的效果还是非常感谢本地深化设计团队和施工团队的。

门面设计：由于业主一直要求我们对门头进行设计，因此在设计开始建造之后整个门面的设计依然改了将近20版，不停地尝试不同的字体、材料、打光效果等，这也让从之前做建筑的大尺度思维转换到了做平面设计的另外一种思维，也是这个项目里比较有趣的一个环节。

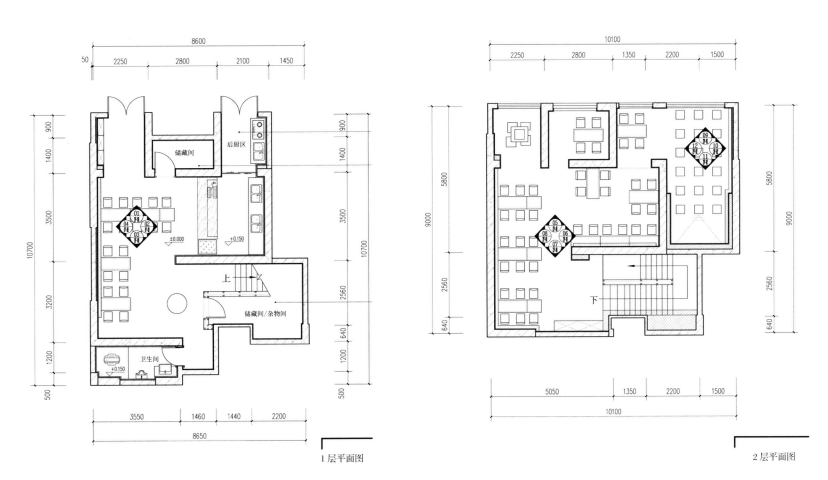

1 层平面图

2 层平面图

竣工时间
2017年
占地面积
179675 平方米
建筑面积
132600平方米
荣誉
2018年"熊猫意大利生活方式"奖
2015年全国人居经典设计竞赛规划金奖

吉林，延边

紫玉漫江湾
Purple Jade Slow River Bay

波捷特(北京)建筑设计顾问有限公司／设计单位、摄影

当今中国的发展已从逐量逐渐转向追求质量；其中房地产的开发也是如此。开发商们以文化、艺术、创新、智能、科技、绿色等理念和元素诠释着项目。紫玉集团携手波捷特独具匠心地将生活方式作为项目的核心灵魂，为这一大时代奉上了紫玉漫江湾这一匠心之作。

"慢城"协会于20世纪90年代末成立于意大利，其核心目标是为当今快节奏发展的社会提供一种新的生活模式，帮助城镇重拾核心价值与传统。"慢城"理念的主张包括：保护当地环境，宣传当地产品和传统活动，为社交和文化交流创造更多空间，提高生活质量和宜居性，打破空间和文化壁垒。当下，慢城协会已经覆盖到全球五大洲25个国家的150个城市。

慢城的"慢"并不单指生活节奏放慢，其涵义深广，代表更多的是生活方式和态度。漫江湾坐落在吉林省漫江镇宛如一片绿叶的江心岛上，拥有秀美的自然风光和丰富的传统文化和民俗风情。概念设计受树叶形状的启发，将江心岛比作一片树叶，上面点缀红丝带。以主路和中心轴线作为绿叶的主脉，参照典型的意式小镇纹理设计而成。一条以"红丝带"为主题的道路穿梭于整个岛屿之上，全岛的建筑与周围的自然景观完美地结合在一起，给人带来极具震撼力的视觉享受。建筑的设计风格现代、简约、典雅，却不显突兀。

中央广场位于项目的中心地带，主路和商业街由此延伸出来。小镇设施与当地传统文化、艺术、手工制品、商业和度假相关。所有的建筑将会以当代的风格，结合传统特色，应用当地材料重新演绎。建筑结构借鉴了一些典型的当地建筑元素，例如木质斜面屋顶、房屋框架和结构再分等。项目大量使用木材和石材等天然材料，再次强调了建筑与环境的结合。

岛屿的入口处标志性的红色金属顶棚，将成为极具象征意义的岛屿大门，一直延伸至美不胜收的逾5000平方米户外天然温泉区。

目前，这座集文旅休闲一体的游客目的地的一期已竣工。其中包括露天温泉、室内的当地文化体验中心、博物馆、艺术手工馆、商业街、精品酒店、特色餐厅、房车营地、影院、书店和养老住宅。

周围建筑外形上模仿了周边环境中起伏的山丘。建筑主要特点集中在绿色屋顶和红色外墙上的金属立面装饰上。

为了进一步加强人与环境的联系，项目的整体方案还为一年四季的各种活动（例如水上运动、观鸟、水果采摘、野餐、骑行等）设计了相关场所，游客能够在此欣赏美景，发现自然之美。

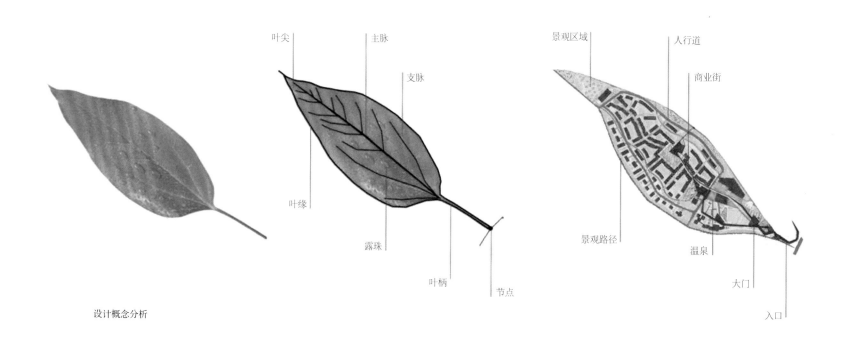

叶尖　　　　主脉

支脉

叶缘

露珠

叶柄　　　　节点

景观区域　　　　人行道

商业街

景观路径

温泉

大门

入口

设计概念分析

INDEX

设计公司索引

3LHD

5+ 设计（5+design）

A
Aedas

阿穆隆设计工作室

澳大利亚 IAPA 设计顾问有限公司

奥雷·舍人事务所（Büro Ole Scheeren）

B
BAU 建筑与城市设计事务所

BIG 建筑事务所（BIG-BJARKE INGELS GROUP）

B.L.U.E. 建筑设计事务所

八荒设计 STUDIO 8

北京超级建筑设计咨询有限公司（MAT Office）

北京城建设计发展集团股份有限公司

北京多向界建筑设计

北京华清安地建筑设计有限公司

北京市建筑设计研究院有限公司

北京中元工程设计顾问有限公司

贝诺（Benoy）

边界实验建筑工作室

波捷特（北京）建筑设计顾问有限公司

C
CUN 寸 DESIGN

D
dEEP 建筑设计事务所

DOFFICE 创始点咨询（深圳）有限公司

德国施耐德 + 舒马赫建筑师事务所（schneider+schumacher）

堤由匡建筑设计工作室

综合计画事务所（Maki and Associates）

E
EID 建筑事务所

F
法国 AS 建筑工作室

泛华建设集团有限公司

福斯特设计事务所（Foster + Partners）

G
gad 建筑设计

GLA 六和设计

H
HERZOG+PARTENERS 建筑设计事务所

杭州时上建筑空间设计事务所

海德威克设计工作室（Heatherwick Studio）

河北建筑设计研究院有限责任公司

合木建筑工作室（Atelier Heimat）

合作舍建筑事务所

华东建筑设计研究总院

华建集团 华东建筑设计研究总院

华南理工大学建筑设计研究院陶郅工作室

J
迹·建筑事务所（TAO）

即作建筑 MINOR lab

袈蓝建筑

建筑营设计工作室

介景建筑 ATAH

峻佳设计

K
KPF 建筑师事务所（KOHN PEDERSEN FOX ASSOCIATES）

L
LOT-EK 建筑设计事务所

李兴钢建筑工作室

吕元祥建筑师事务所

M
MLA+ 建筑规划设计事务所

MVRDV

马达思班（MADA s.p.a.m.）

美国 NBBJ 公司

米凹建筑设计（上海）有限公司
米思建筑
民航新时代机场设计研究院有限公司
木君建筑设计咨询（上海）有限公司

N
内蒙古工大建筑设计有限责任公司
纽约 Link-Arc 建筑师事务所

O
OAD 欧安地建筑设计事务所

P
Perkins+Will 建筑事务所
PES 建筑师事务所
PROject 普罗建筑工作室
潘冀联合建筑师事务所
普泛建筑工作室

Q
清华大学建筑学院
清华大学建筑设计研究院有限公司
清华大学建筑设计研究院简盟工作室
群策工程顾问股份有限公司

R
如恩设计研究室

S
SUP 素朴建筑工作室 / 清华大学建筑学院
三文建筑 / 何崴工作室
山水秀建筑事务所
上海本哲建筑设计有限公司
上海华都建筑规划设计有限公司（HDD）
上海思卡福建筑工程有限公司
上海以靠建筑设计事务所（ Leeko Studio）
深圳市都市建筑设计有限公司
首钢国际工程公司
水石设计

T
台湾世曦工程顾问股份有限公司
天津城市规划设计院
天津大学建筑设计研究院
天津华汇工程建筑设计有限公司
天津市建筑设计院
同济大学建筑设计研究院（集团）有限公司

U
UAO 瑞拓设计
UNStudio 建筑事务所

W
WOHA 建筑师事务所
Wutopia Lab
武汉华中科技大学建筑规划设计研究院有限公司

X
西安建筑科技大学
氘建筑
香港汇创国际建筑设计有限公司

Y
零壹城市建筑事务所

Z
赵扬建筑工作室
浙江省建筑设计研究院
致正建筑工作室
中国建筑设计院有限公司 器空间工作室
中国建筑西南设计研究院有限公司
中科院建筑设计院有限公司
中南建筑设计院股份有限公司
筑境设计

主　　编：程泰宁

执行主编：赵　敏　王大鹏

编委（排名不分先后）：

刘克成　曹晓昕　郭卫兵　王新焱　李亦农　孙耀磊　李道德　吕达文　蔡　晖　张　华　黄智武
崔　树　李以靠　徐文力　李兆晗　张家启　梁　尧　陆轶辰　蔡沁文　周　恺　郭卫兵　李文江
周　波　任力之　庄惟敏　唐　鸿　李　匡　李保峰　张鹏举　宋晔皓　张应鹏　薄宏涛　汪孝安
崔　彤　王丽方　阮　昊　朱培栋　宋　萍　李　宏　李　谦　陈　江　郭锡恩　胡如珊　唐康硕
张　淼　常　可　李汶翰　刘敏杰　张海翔　宋方舟　金　磊　王岩石　徐君桥义　廖晓华
姜　平　俞　挺　华　黎　刘　晨　庞　钦　徐　光　王丹丹　刘明骏　刘　淼　王　超　孙　静
陈峻佳　周　维　郭建祥　夏　威　向　上　唐文胜　黄　骅　陶　郅　郭钦恩　潘　冀　苏重威
张东光　马　迪　张意姝　刘文娟　王冠中　蔡漪雯　周　吉　荀　巍　张海燕　许　飞　董雪莲
堤由匡　邹迎晞　李颖悟　何　崴　赵　扬　沈　墨　张建勇　蒋华健　李　亮　吴子夜　李　涛
张　斌　周　蔚　孙菁芬　张　利　窦光璐　韩文强　黄　涛　阿穆隆　杨　楠

图书在版编目（CIP）数据

中国建筑设计年鉴．2018：全2册／程泰宁主编．—
沈阳：辽宁科学技术出版社，2019.6
ISBN 978-7-5591-1085-5

Ⅰ．①中… Ⅱ．①程… Ⅲ．①建筑设计－中国－
2018－年鉴 Ⅳ．① TU206-54

中国版本图书馆 CIP 数据核字（2019）第 032309 号

出版发行：辽宁科学技术出版社
　　　　　（地址：沈阳市和平区十一纬路 25 号　邮编：110003）
印 刷 者：深圳市雅仕达印务有限公司
经 销 者：各地新华书店
幅面尺寸：240mm×305mm
印　　张：76
插　　页：4
字　　数：800 千字
出版时间：2019 年 6 月第 1 版
印刷时间：2019 年 6 月第 1 次印刷
策 划 人：杜丙旭
责任编辑：杜丙旭　刘翰林
封面设计：关木子
版式设计：关木子
责任校对：周　文

书　　号：ISBN 978-7-5591-1085-5
定　　价：658.00 元（全 2 册）

联系电话：024-23280367
邮购热线：024-23284502
http://www.lnkj.com.cn